Mosaico IRMSS-CBERS-1

Teresa Gallotti Florenzano

Iniciação em Sensoriamento Remoto

3ª edição
ampliada e atualizada

© Copyright 2002 Oficina de Textos
2ª edição – 2007
3ª edição – 2011 | reimpressão – 2013

Grafia atualizada conforme o Acordo Ortográfico da Língua Portuguesa de 1990, em vigor no Brasil a partir de 2009

CONSELHO EDITORIAL	Cylon Gonçalves da Silva; Doris C. C. K. Kowaltowski; José Galizia Tundisi; Luis Enrique Sánchez; Paulo Helene; Rozely Ferreira dos Santos; Teresa Gallotti Florenzano

CAPA: Isabel M. Sipahi
ILUSTRAÇÕES: Daniel Moreira
IMAGENS: Luigi C. M. Aulicino
DIAGRAMAÇÃO: Douglas da Rocha Yoshida e Malu Vallim
REVISÃO TÉCNICA: Evlyn M. L. M. Novo
REVISÃO DE TEXTOS: Felipe Marques e Marcel Iha
IMPRESSÃO E ACABAMENTO:

Dados Internacionais de Catalogação na Publicação (CIP)
Câmara Brasileira do Livro, SP, Brasil

Florenzano, Teresa Gallotti
Iniciação em sensoriamento remoto / Teresa Gallotti Florenzano. -- 3. ed. ampl. e atual. -- São Paulo : Oficina de Textos, 2011.

Bibliografia.
ISBN 978-85-7975-016-8

1. Estudos ambientais 2. Processamento de imagens 3. Satélites artificiais no sensoriamento remoto 4. Sensoriamento remoto - Imagens I. Título.

11-02332	CDD-621.3678

Índices para catálogo sistemático:
1. Imagens por sensoriamento remoto : Satélites artificiais : Utilização em estudos ambientais : Tecnologia 621.3678

Todos os direitos reservados à **Oficina de Textos**
Rua Cubatão, 959
04013-043 – São Paulo
Tel. (11) 3085 7933/ Fax (11) 3083-0849
www.ofitexto.com.br
atend@ofitexto.com.br

Apresentação

As imagens de satélites permitem enxergar, e descobrir, o planeta Terra de uma posição privilegiada. Elas proporcionam uma visão sinóptica (de conjunto) e multitemporal (em diferentes datas) de extensas áreas da superfície terrestre. Por meio delas, os ambientes mais distantes ou de difícil acesso tornam-se mais acessíveis. Em outras palavras, as imagens obtidas por sensoriamento remoto possibilitam ampliar nossa visão espectral (para além da luz visível), espacial e temporal dos ambientes terrestres.

Esta terceira edição do livro tem o mesmo objetivo das anteriores: a difusão do uso do sensoriamento remoto. Apesar do grande potencial das imagens de satélites para o estudo e monitoramento do meio ambiente terrestre e da sua crescente disponibilidade gratuita na internet, elas ainda não são muito exploradas.

Este livro fornece informações básicas de sensoriamento remoto. Ele ilustra como são obtidas as imagens de satélites, descreve os tipos de sensores e satélites existentes e destaca o programa espacial brasileiro. Aborda a relação entre imagem e mapa, assim como o processamento e a interpretação de imagens obtidas por sensoriamento remoto. Mostra também como as imagens de satélites podem contribuir para o estudo dos fenômenos ambientais e dos ambientes, sejam eles naturais ou transformados pelo homem. Finalmente, destaca o uso do sensoriamento remoto como recurso didático.

Nesta nova edição, o conteúdo do livro foi revisado, ampliado e atualizado. Incluiu-se um capítulo sobre processamento de imagens e criou-se uma página do livro no site da editora (http://www.ofitexto.com.br), onde o leitor encontrará roteiros (passo a passo) para adquirir e processar imagens de satélite. Nesta página estão incluídas também dicas e atividades sobre os diferentes tópicos abordados no livro.

Aproveito este espaço para agradecer aos colegas do Inpe e alunos do curso de pós-graduação em Sensoriamento Remoto desta instituição. Um agradecimento especial aos professores dos ensinos fundamental e médio do curso presencial "O Uso do Sensoriamento Remoto no Estudo do Meio Ambiente" e alunos dos cursos à distância de Sensoriamento Remoto, ambos oferecidos pelo Inpe. Agradeço também às seguintes instituições: Centre National d'Etudes Spatiales (CNES), Canadian Space Agency (CSA), Radarsat International, Imagem Sensoriamento Remoto e Intersat, bem como ao importante apoio do Instituto Nacional de Pesquisas Espaciais, que ofereceu suporte e cujas imagens CBERS e Landsat possibilitaram este livro.

Teresa Gallotti Florenzano

Imagem da "Apresentação": Corumbá, imagem TM-Landsat-5, 13/9/1997.

Sumário

1. FUNDAMENTOS DE SENSORIAMENTO REMOTO...9
   1.1 Sensoriamento Remoto 9
   1.2 Fontes de Energia Usadas em Sensoriamento Remoto..11
   1.3 Interação da Energia com a Superfície Terrestre 12
   1.4 Sensores Remotos 14
   1.5 Resolução 17
   1.6 Fotografias Coloridas 19
   1.7 Imagens Coloridas 22

2. PROGRAMAS ESPACIAIS 27
   2.1 Satélites Artificiais 27
   2.2 Programa Espacial Brasileiro..32

3. DA IMAGEM AO MAPA 41
   3.1 Imagens em 3D e Estereoscopia 43
   3.2 Escala 45
   3.3 Distância dos Sensores à Superfície Terrestre 46
   3.4 Legenda 50

4. INTERPRETAÇÃO DE IMAGENS 51
   4.1 Interpretação de Imagens 51
   4.2 Elementos e Chaves de Interpretação de Imagens..52
   4.3 Seleção de Imagens de Satélite 63

5. PROCESSAMENTO DE IMAGENS 71
   5.1 Pré-processamento 71
   5.2 Realce de imagens 72
   5.3 Segmentação e classificação 75
   5.4 Pós-Processamento 78
   5.5 Exatidão da Classificação 78

6. O USO DE IMAGENS NO ESTUDO DE FENÔMENOS AMBIENTAIS 81
   6.1 Imagens de Satélites na Previsão do Tempo 81
   6.2 Detecção e Monitoramento de Focos de Incêndio e Áreas Queimadas................83
   6.3 Desmatamento 85
   6.4 Erosão e Escorregamento de Encostas 85
   6.5 Inundação 88

7. O USO DE IMAGENS NO ESTUDO DE AMBIENTES NATURAIS 91
   7.1 Florestas Tropicais..92
   7.2 Mangues 94
   7.3 Ambientes Gelados 96
   7.4 Ambientes Áridos 98

7.5 Recursos Minerais 98
7.6 Feições de Relevo e de Ambientes Aquáticos 100

8. O USO DE IMAGENS NO ESTUDO DE AMBIENTES TRANSFORMADOS 107
8.1 Ambientes Aquáticos 107
8.2 Ambientes Rurais 110
8.3 Ambientes Urbanos 114

9. SENSORIAMENTO REMOTO COMO RECURSO DIDÁTICO 121
Uso Multidisciplinar 121
Uso Interdisciplinar 122
Disponibilidade de Materiais 123
Cursos de Sensoriamento Remoto 124
Conclusão 124
Sugestões de Atividades 125

REFERÊNCIAS BIBLIOGRÁFICAS 127
Bibliografia Complementar 128

Capítulo 1
FUNDAMENTOS DE SENSORIAMENTO REMOTO

Os sensores instalados em satélites artificiais são resultado da evolução da ciência e tecnologia espacial. As imagens obtidas de satélites, de aviões (fotografias aéreas) ou mesmo na superfície ou próximo a ela, como, por exemplo, uma fotografia da sua casa, escola ou de uma paisagem qualquer, tirada com uma máquina fotográfica comum, são dados obtidos por sensoriamento remoto. Assim, vamos definir, inicialmente, o que é sensoriamento remoto.

1.1 Sensoriamento Remoto

Sensoriamento remoto é a tecnologia que permite obter imagens – e outros tipos de dados – da superfície terrestre, por meio da captação e do registro da energia refletida ou emitida pela superfície. O termo *sensoriamento* refere-se à obtenção de dados por meio de sensores instalados em plataformas terrestres, aéreas (balões e aeronaves) e orbitais (satélites artificiais). O termo *remoto*, que significa distante, é utilizado porque a obtenção é feita à distância, ou seja, sem o contato físico entre o sensor e objetos na superfície terrestre, como ilustrado na Fig. 1.1. O processamento, a análise e interpretação desses dados também integram o sensoriamento remoto, considerado uma ciência por autores como Jensen (2010), entre outros.

Nessa figura, podemos observar que o Sol ilumina a superfície terrestre. A energia proveniente do Sol, refletida pela superfície em direção ao sensor, é captada e registrada por este. Como

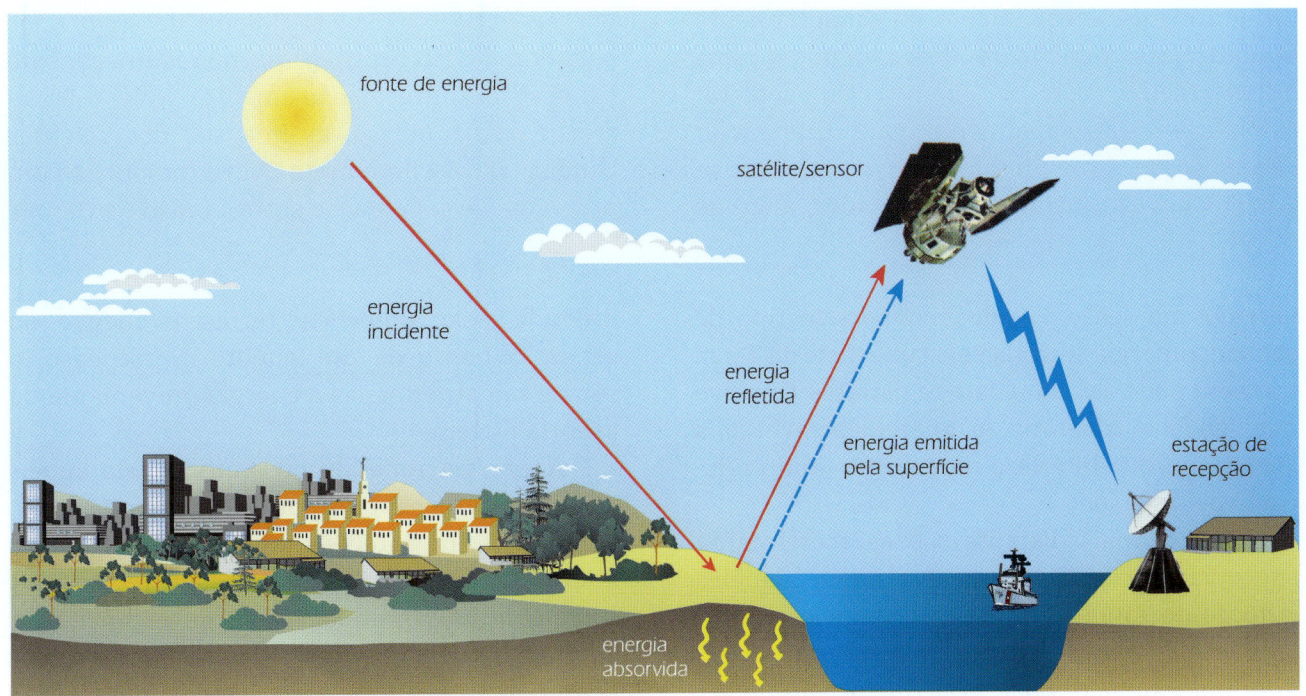

Fig. 1.1 Obtenção de imagens por *sensoriamento remoto*

História do Sensoriamento Remoto

A origem do sensoriamento remoto vincula-se ao surgimento da fotografia aérea. Assim, sua história pode ser dividida em dois períodos: um, de 1860 a 1960, baseado no uso de fotografias aéreas, e outro, de 1960 aos dias de hoje, caracterizado também por uma variedade de tipos de imagens de satélite. O sensoriamento remoto é fruto de um esforço multidisciplinar que integra os avanços da Matemática, Física, Química, Biologia e das Ciências da Terra e da Computação. A evolução das técnicas de sensoriamento remoto e a sua aplicação envolve um número cada vez maior de pessoas de diferentes áreas do conhecimento.

A história do sensoriamento remoto está estreitamente vinculada ao uso militar. A primeira fotografia aérea data de 1856 e foi tirada de um balão. Em 1862, durante a guerra civil americana, o corpo de balonistas de um exército fazia o reconhecimento das tropas confederadas com fotografias aéreas. Em 1909, surgem as fotografias tiradas de aviões, e na Primeira Guerra Mundial seu uso intensificou-se. Durante a Segunda Guerra Mundial houve um grande desenvolvimento do sensoriamento remoto. Nesse período, foi desenvolvido o filme infravermelho, com o objetivo de detectar camuflagem (principalmente para diferenciar vegetação de alvos pintados de verde), e introduzidos novos sensores, como o radar, além de ocorrerem avanços nos sistemas de comunicação. Posteriormente, durante o período da Guerra Fria, vários sensores de alta resolução foram desenvolvidos para fins de espionagem. Recentemente, com o fim da Guerra Fria, muitos dados considerados segredo militar foram liberados para o uso civil.

Na década de 1960, as primeiras fotografias orbitais (tiradas de satélites) da superfície da Terra foram obtidas dos satélites tripulados Mercury, Gemini e Apolo. A contribuição mais importante dessas missões foi demonstrar o potencial e as vantagens da aquisição de imagens orbitais, o que incentivou a construção dos demais satélites de coleta de dados meteorológicos e de recursos terrestres. Com o lançamento do primeiro satélite meteorológico da série Tiros, em abril de 1960, começaram os primeiros registros sistemáticos de imagens da Terra. Em julho de 1972, foi lançado o primeiro satélite de recursos terrestres, o ERTS-1, mais tarde denominado Landsat-1. Atualmente, além dos satélites americanos de recursos terrestres da série Landsat, existem vários outros como, por exemplo, os da série Spot, desenvolvidos pela França. No Brasil, as primeiras imagens do Landsat foram recebidas em 1973. Hoje, o Brasil recebe, entre outras, as imagens dos satélites Landsat, IRS-P6 (indiano) e CBERS (produto de um programa de cooperação entre o Brasil e a China).

veremos na seção 1.4, dependendo do tipo de sensor, a energia emitida pela superfície da Terra também pode ser captada e registrada. Observe que, na sua trajetória, a energia atravessa a atmosfera, que interfere na energia final registrada pelo sensor.

Quanto mais distante o sensor estiver da superfície terrestre, como é o caso daqueles a bordo de satélites artificiais, maior será essa interferência. A presença de nuvens na atmosfera, por exemplo, pode impedir que a energia refletida pela superfície terrestre chegue ao sensor a bordo de um satélite. Nesse caso, o sensor registra apenas a energia proveniente da própria nuvem.

A energia refletida ou emitida pela superfície terrestre e captada por sensores eletrônicos, instalados em satélites artificiais, é transformada em sinais elétricos, que são registrados e transmitidos para estações de recepção na Terra, equipadas com enormes antenas parabólicas (Fig. 1.1). Os sinais enviados para essas estações são transformados em dados na forma de gráficos, tabelas ou imagens. A partir da interpretação desses dados, é possível obter informações a respeito da superfície terrestre. No Cap. 4, veremos como interpretar imagens obtidas por sensoriamento remoto.

1.2 Fontes de Energia Usadas em Sensoriamento Remoto

A obtenção de dados por sensoriamento remoto, como qualquer outra atividade, requer o uso de energia. A energia com a qual operam os sensores remotos pode ser proveniente de uma fonte natural, como a luz do sol e o calor emitido pela superfície da Terra, ou pode ser de uma fonte artificial como, por exemplo, a do *flash* utilizado em uma máquina fotográfica e o sinal produzido por um radar.

A energia utilizada em sensoriamento remoto é a radiação eletromagnética, que se propaga em forma de ondas eletromagnéticas com a **velocidade** da luz (300.000 km por segundo). Ela é medida em **frequência** em unidades de hertz (Hz) e seus múltiplos, como quilohertz (1 kHz = 10^3 Hz) e megahertz (1 mHz = 10^6 Hz); e **comprimento de onda** (λ) em unidades de metro e seus submúltiplos, como micrometro (1 µm = 10^{-6}) e nanômetro (1 nm = 10^{-9}). A frequência de onda é o número de vezes que uma onda se repete por unidade de tempo. Dessa maneira, como indicado na Fig. 1.2, quanto maior for o número, maior será a frequência e, quanto menor, menor será a frequência de onda. O comprimento de onda é a distância entre dois picos de ondas sucessivas: quanto mais distantes, maior é o comprimento e, quanto menos distante, menor será o comprimento de onda (Fig. 1.2). A frequência de onda é diretamente proporcional à velocidade de propagação e inversamente proporcional ao comprimento de onda. Quanto maior a frequência, maior também a intensidade de energia.

O **espectro eletromagnético** representa a distribuição da radiação eletromagnética, por regiões, segundo o comprimento de onda e a frequência (Fig. 1.2a). Observe que o espectro eletromagnético abrange desde curtos comprimentos de onda, como os raios cósmicos e os raios gama (γ), de alta frequência, até longos comprimentos de onda, como as ondas de rádio e TV, de baixa frequência. Na região do espectro visível, o olho humano enxerga a energia (luz)

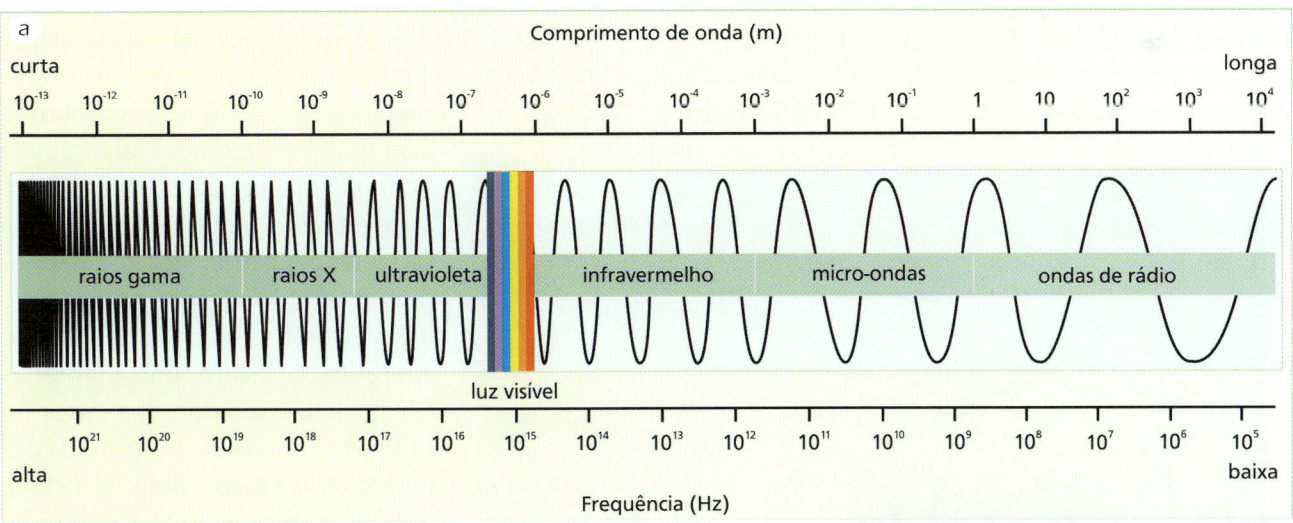

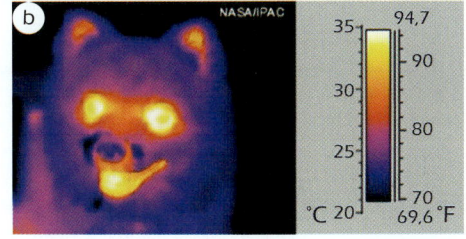

Fig. 1.2 O espectro eletromagnético (a). Imagem termal de um animal (b). Qualquer objeto com temperatura acima do zero absoluto (-273°C) irradia energia na região termal do espectro eletromagnético. As variações de cores representam variações de temperatura do animal, conforme legenda da figura

eletromagnética, sendo capaz de distinguir as cores do violeta ao vermelho. A radiação do infravermelho (aquela do calor, Fig. 1.2b) é subdividida em três regiões: infravermelho próximo (0,7-1,3 µm), médio (1,3-6,0 µm) e distante ou termal (6,0-1.000 µm).

1.3 Interação da Energia com a Superfície Terrestre

Objetos da superfície terrestre, como a vegetação, a água e o solo, refletem, absorvem e transmitem radiação eletromagnética em proporções que variam com o comprimento de onda, de acordo com as suas características biofísicas e químicas. As variações da energia refletida pelos objetos podem ser representadas por curvas, como as da Fig. 1.3. Graças a essas variações, é possível distinguir os objetos da superfície terrestre nas imagens de sensores remotos. A representação dos objetos nessas imagens vai variar do branco (quando refletem muita energia) ao preto (quando refletem pouca energia) (Fig. 1.4).

Analisando as curvas da Fig. 1.3, observamos que, na região da luz visível, a vegetação (verde e sadia) reflete mais energia na faixa correspondente ao verde. Esse fato explica por que o olho humano enxerga a vegetação na cor verde. Entretanto, é na faixa do infravermelho próximo que a vegetação reflete mais energia e se diferencia dos demais objetos. A curva do solo indica um comportamento mais uniforme, ou seja, uma variação menor de energia refletida em relação à vegetação, ao longo do espectro. A água pura (no estado líquido) reflete pouca energia na região do visível e nenhuma na região do infravermelho, absorvendo praticamente toda a energia. Os diferentes tipos e concentrações de material na água, no entanto, alteram o seu comportamento espectral, particularmente na região do visível. Os constituintes desse material podem ser formados por organismos vivos (fitoplâncton, zooplâncton e bacterioplâncton), partículas em suspensão (orgânicas e inorgânicas) e substâncias orgânicas dissolvidas. Para obter mais informação sobre o comportamento espectral de alvos, consultar Novo (2008) e Menezes e Madeira Netto (2003).

Na imagem da Fig. 1.4, podemos observar que a vegetação da mata atlântica (na serra do Mar), que reflete muita energia na faixa do infravermelho próximo (como indica a Fig. 1.3), é representada com tonalidades claras, enquanto a água, que absorve a energia nessa faixa (como indica a Fig. 1.3), é representada com tonalidades escuras.

Na região do visível, as variações da energia refletida resultam em um efeito visual denominado cor. Desta forma, um determinado objeto ou superfície é azul, quando reflete a luz azul e absorve as demais. O céu, por exemplo, é azul porque as moléculas de ar que compõem a atmosfera refletem na faixa de luz azul. Os objetos são verdes, como a vegetação, quando refletem na faixa de luz verde. Eles são vermelhos quando refletem na faixa de luz vermelha, como a maçã, por exemplo, e assim por diante. A luz branca é a soma das cores do espectro visível, portanto, um objeto é branco quando reflete todas as cores. O preto é a falta de cores, ou seja, um objeto é preto quando absorve todas as cores do espectro.

As curvas mostradas na Fig. 1.3 refletem o comportamento espectral padrão desses

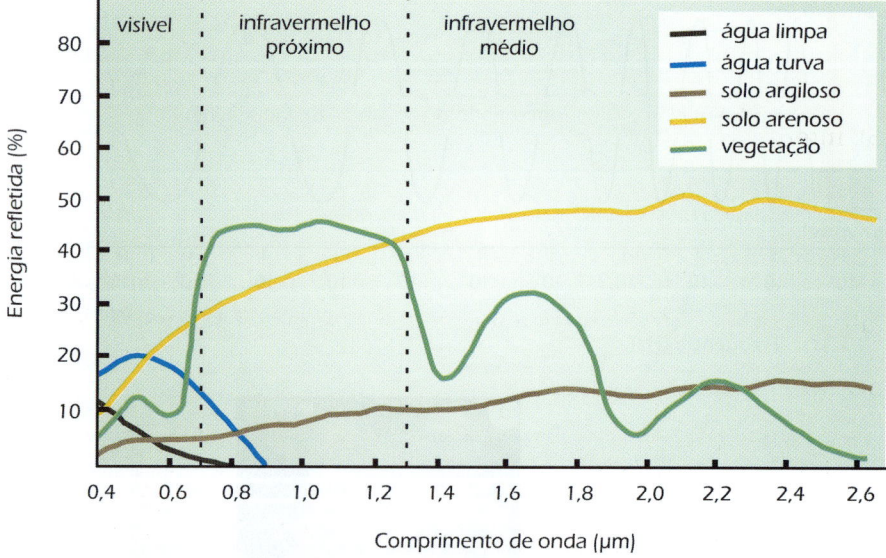

Fig. 1.3 Curva espectral da vegetação, da água e do solo

objetos. Quando vamos interpretar imagens de satélite, porém, devemos considerar também os fatores que interferem na interação da radiação eletromagnética com os objetos e, consequentemente, na radiação captada pelo sensor e no nível de cinza representado na imagem (ver exemplo na Fig. 1.5). A seguir são destacados os principais fatores que interferem no comportamento espectral dos objetos:

- **nível de aquisição de dados** (altitude da plataforma: campo/laboratório, aéreo e orbital) – influi na dimensão da área observada e/ou imageada, interferência dos fatores ambientais, radiação registrada pelo sensor, resolução/nível de informação e forma de análise dos dados;
- **método de aquisição de dados** – envolve desde a forma como é detectada a radiação até a transformação e o processamento do sinal recebido pelo sensor;
- **condições intrínsecas ao alvo** – ou de sua própria natureza, como água em estado sólido (gelo, neve) ou líquido (com ou sem concentração de material sólido em suspensão), biomassa e vigor das culturas (estágio de crescimento) etc.;
- **condições ambientais** – refere-se às variações externas ao alvo, como iluminação, precipitação e inundação (Fig. 1.5), interferência antrópica (poluição, desmatamento etc.), entre outras;
- **localização do alvo em relação à fonte e ao sensor** – refere-se à geometria de aquisição dos dados e implica um determinado ângulo de visada, de azimute etc., entre outros parâmetros. A radiação registrada por um sensor referente a um mesmo tipo de alvo será diferente por causa da sua exposição em relação à fonte. Haverá, por exemplo, diferença espectral entre um tipo de alvo localizado em um topo plano e o mesmo tipo de alvo localizado em uma vertente inclinada;
- **atmosfera** – Dependendo do comprimento de onda, a radiação eletromagnética pode ser absorvida, refletida ou espalhada pelos constituintes da atmosfera (gases, poeira etc.). Essa interferência da atmosfera influi na intensidade da radiação registrada pelo sensor.

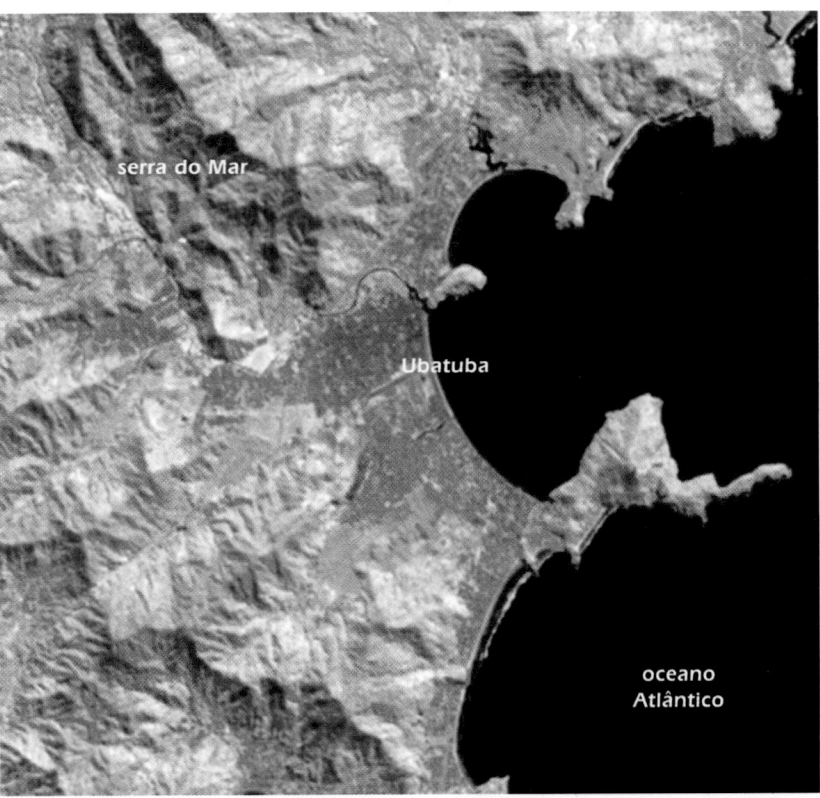

Fig. 1.4 Imagem de Ubatuba obtida na faixa do infravermelho próximo, no canal 4 do sensor ETM+ (satélite Landsat-7), 11/8/1999

Na região de micro-ondas, a interação da radiação com a superfície terrestre depende principalmente das propriedades **dielétricas** (influenciadas pela umidade) e **geométricas** (referentes à forma) dos objetos da superfície. A imagem obtida por um sistema de radar é uma função dos sinais retornados da superfície que recebeu a radiação enviada pela antena desse sistema (Fig. 1.6). Os sinais de retorno ou ecos são influenciados por parâmetros definidos pelo próprio sistema (comprimento de onda ou frequência, polarização, geometria de visada e

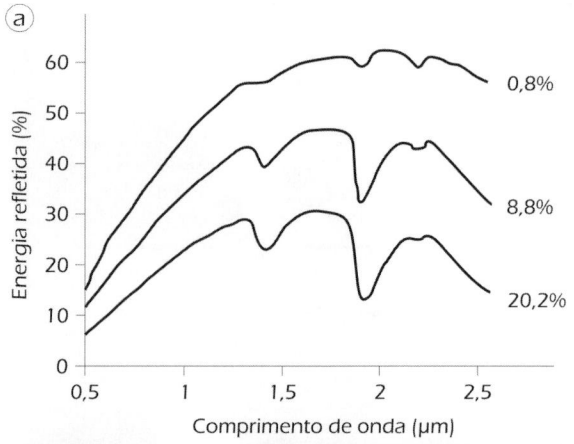

Fig.1.5 Curvas espectrais de um solo com diferentes conteúdos de umidade, em porcentagem (a). Nesta figura é possível verificar que a energia refletida diminui com o aumento do conteúdo de umidade. Imagens (TM-Landsat) da região do delta do rio Parnaíba, obtidas em 14 de junho de 1990, na época de vazante (b), e 31 de maio de 1985, na época de cheia (c). Comparando as duas imagens, é possível observar que em (b) o solo está representado com um nível de cinza mais claro, pois reflete mais energia, enquanto em (c) o solo úmido, que foi inundado pela cheia do rio, reflete menos energia e por isso é representado em tons mais escuros de cinza

resolução espacial) e da superfície observada (rugosidade, umidade e ângulos de inclinação e orientação da superfície). Mais informações sobre dados de radar e suas aplicações podem ser encontradas em Florenzano (2008), Jensen (2010) e Novo (2008).

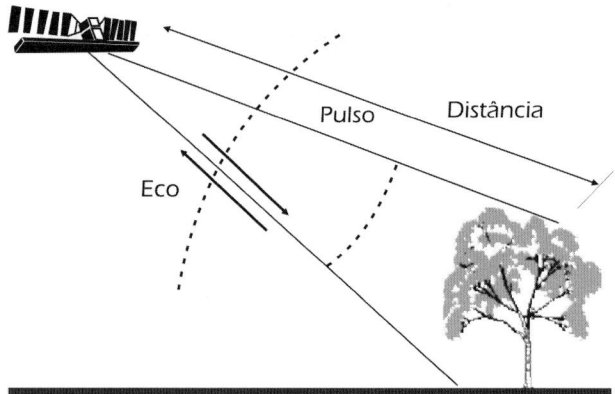

Fig. 1.6 Sistema Radar
Fonte: adaptado de Rony, 1998.

1.4 Sensores Remotos

Os sensores remotos são equipamentos que captam e registram a energia refletida ou emitida pelos elementos da superfície terrestre. Existem sensores portáteis e instalados em plataformas: terrestres, aéreas (balões, helicópteros e aviões. Fig. 1.7) e orbitais (satélites artificiais). Câmaras fotográficas (Fig. 1.7, detalhe), câmaras de vídeo, radiômetros, sistemas de varredura (escâneres) e radares são exemplos de sensores.

Há sensores que captam dados de diferentes regiões do espectro eletromagnético. Dependendo do tipo, o sensor capta dados de uma ou mais regiões do espectro (sensor multiespectral). O olho humano é um sensor natural que enxerga somente a luz ou energia visível. Sensores artificiais permitem obter dados de regiões de energia invisível ao olho humano.

As câmaras fotográficas e de vídeo captam energia da região do visível e infravermelho próximo. Nas câmaras fotográficas, o filme funciona como o sensor que capta e registra a

Capítulo 1 - Fundamentos de Sensoriamento Remoto

Fig. 1.7 Aeronave EMB-110 Bandeirante (do Inpe) e seus principais sensores remotos. No detalhe está a câmara fotográfica instalada na parte inferior do avião, que voa em faixas, de um lado ao outro da área a ser fotografada, em intervalos regulares, e dispara a câmara fotográfica automaticamente Fotos: Carlos Alberto Steffen.

energia proveniente de um objeto ou área. O sensor eletrônico multiespectral TM, do satélite Landsat-5, por exemplo, é um sistema de varredura que capta dados em diferentes faixas espectrais (três da região do visível e quatro da região do infravermelho).

Os sensores do tipo radar, por produzirem uma fonte de energia própria na região de micro-ondas, podem obter imagens tanto durante o dia como à noite e em qualquer condição meteorológica (incluindo tempo nublado e com chuva). Essa é a principal vantagem dos radares (chamados de sensores ativos por enviar pulsos de energia para a superfície) em relação aos sensores ópticos que dependem da luz do sol e, por isso, são chamados de sensores passivos, como as câmaras fotográficas (a menos que se utilize um *flash*), as câmaras de vídeo, escâneres multiespectrais como o TM do satélite Landsat-5, entre outros. Para esses sensores, a cobertura de nuvens limita a obtenção de imagens. Quanto ao radar artificial, construído pelo homem, o princípio de funcionamento é o mesmo do radar natural de um morcego. O radar artificial, assim como o do morcego, emite um sinal de energia para um objeto e registra o sinal que retorna desse objeto. O morcego conta com a ajuda de um sonar que lhe permite captar o eco dos sons que emite para localizar objetos.

Da mesma forma que é possível transmitir um jogo de futebol em diferentes emissoras de rádio e TV, que operam em diferentes frequências de energia, denominadas canais, é possível obter imagens de uma mesma área, em diferentes faixas espectrais, também denominadas **canais** ou **bandas**.

Na Fig. 1.8, podemos observar imagens da mesma área obtidas pelo sensor multiespectral ETM⁺ do satélite Landsat-7 em diferentes canais. Pela análise dessa figura, verificamos que os objetos (água, vegetação, área urbana etc.) não são representados com a mesma tonalidade nas diferentes imagens, porque, como vimos anteriormente (Fig. 1.3), a quantidade de energia refletida pelos objetos varia ao longo do espectro eletromagnético e as variações foram captadas pelo sensor ETM⁺, em diferentes canais.

Radar

O termo **radar** (*radio detection and ranging*) significa detecção de alvos e avaliação de distâncias por ondas de rádio. Os radares operam em comprimentos de onda bem maiores do que aqueles da região espectral do visível e infravermelho. Eles operam na região de micro-ondas entre as bandas K-alfa (10 cm ou 40 GHz) e P (1 m ou 300 MHz).

O território brasileiro foi imageado, na escala original de 1:400.000, pelo sistema de radar da Gems (*Goodyear Environmental Monitoring System*), transportado a bordo de um avião a 11.000 m de altura. Esse imageamento foi realizado em dois períodos: 1971/1972 e 1975/1976. O primeiro período cobriu a Amazônia Legal, a parte leste dos Estados da Bahia e Minas Gerais e o norte do Espírito Santo; o segundo período cobriu o restante do Brasil. A partir da análise dessas imagens, foi feito um mapeamento dos recursos naturais de todo o País pelo projeto Radambrasil, no período de 1971 a 1986. Os mapas resultantes desse projeto encontram-se publicados na escala de 1:1.000.000.

No nível orbital, ou seja, a bordo de satélites artificiais, as missões civis com radar tiveram início em 1978 com o programa Seasat, desenvolvido pela Nasa. Merecem destaque os programas ERS, da Agência Espacial Europeia (ESA), e o Radarsat, desenvolvido pelo Canadá, em parceria com a Nasa e Noaa, dos EUA. A ESA já lançou três satélites de observação da Terra, o ERS-1, o ERS-2 e o Envisat. Lançado em março de 2002, o Envisat é o maior satélite de observação da Terra. Esse satélite leva a bordo dez sensores que visam monitorar o uso e a cobertura da terra, os oceanos, o gelo polar e a atmosfera. Um desses sensores é um sistema avançado de radar, o Asar (*Advanced Syntetic Aperture Radar*).

No início de 2006, para substituir o Jers-1, satélite do programa espacial japonês, foi lançado o Alos, que também leva a bordo um sofisticado sensor de radar, o Palsar, cuja resolução espacial varia de 7 m a 100 m e, como o anterior, opera na banda L da região de micro-ondas.

O programa Radarsat visa fornecer dados de áreas sensíveis do planeta do ponto de vista ambiental, como florestas tropicais, desertos em expansão etc., e para estudos nas áreas de geologia, geomorfologia, oceanografia, vegetação, uso da terra e agricultura, entre outras. Desse programa foi lançado o Radarsat-1, que está a uma altitude de 798 km. O radar a bordo desse satélite, como os do ERS, opera na banda C da região de micro-ondas, com uma resolução espacial que pode variar de 10 m a 100 m. Em dezembro de 2007 foi lançado o Radarsat-2, com sensor de 3 m de resolução espacial. Também em 2007 foi lançado com sucesso pela Alemanha o Terra-SAR, que leva a bordo um radar que capta imagens (na banda X) com 1 m de resolução espacial.

Radarsat-1

ERS-1

Fig 1.8 Imagens de Ubatuba, obtidas pelo ETM+-Landsat-7, 11/8/1999, nos canais 3 (da região do visível), 4 (do infravermelho próximo) e 5 (do infravermelho médio). Podemos observar que a área urbana está mais destacada na imagem do canal 3, enquanto a separação entre terra e água é mais nítida na imagem do canal 4. A vegetação está bem escura na imagem do canal 3, escura na imagem do canal 5, e clara na imagem do canal 4, que corresponde à faixa espectral na qual a vegetação reflete mais energia

1.5 Resolução

A capacidade que o sensor tem de discriminar objetos em função do tamanho destes é chamada de **resolução espacial**. Nos sensores atuais, instalados em plataformas orbitais (satélites artificiais), esse tipo de resolução varia de 50 cm a 1 km. Um sensor com resolução espacial de 10 m, por exemplo, é capaz de detectar objetos maiores que 10 m x 10 m (100 m^2).

Em uma fotografia aérea ou imagem de satélite, com uma resolução espacial em torno de 1 m, pode-se identificar as árvores de um pomar, as casas e os edifícios de uma cidade ou os aviões estacionados em um aeroporto, enquanto em uma imagem de satélite, com uma resolução de 30 m, provavelmente será identificado o pomar, a mancha urbana correspondente à área ocupada pela cidade e apenas a pista do aeroporto, como pode ser observado na Fig. 1.9.

A partir do satélite americano Ikonos-2, lançado em setembro de 1999 (a primeira missão, o Ikonos-1, não foi bem-sucedida), foi possível obter imagens pancromáticas (referente a toda a faixa do espectro visível, pode incluir parte do infravermelho próximo) de alta resolução, de cerca de 1 m, como a da Fig. 1.9c, e de 4 m para as imagens multiespectrais (região do visível e infravermelho).

A capacidade que um sensor possui para discriminar objetos em função da sua sensibilidade espectral é denominada **resolução espectral**. Quanto mais estreita for a faixa espectral da qual um sensor capta dados, maior é a possibilidade de registrar variações de energia refletida pelo objeto. De certa forma, pode-se considerar também que quanto maior o número de bandas (ou canais) de um sensor, maior é a sua resolução espectral. Assim, por exemplo, a resolução espectral do TM-Landsat-5 (sete bandas) é maior que a do HRV-Spot-4 (quatro bandas). O HRV capta dados somente da região do visível e infravermelho próximo, enquanto o TM, além dessas regiões, capta dados do infravermelho médio e termal.

Existe também a **resolução radiométrica**, que se refere à capacidade de o sensor discriminar intensidade de energia refletida ou emitida pelos objetos. Ela determina o intervalo de valores (associados a níveis de cinza) que é possível utilizar para representar uma imagem digital. Assim, por exemplo, para uma imagem discretizada em 4 valores digitais, podemos ter objetos representados em branco, preto e apenas mais dois níveis de cinza. Já uma imagem discretizada em 128 valores digitais pode ter objetos representados em branco, preto e mais 126 diferentes níveis de cinza. Um exemplo concreto pode ser dado com as imagens dos sensores TM (Landsat-5) e MSS (Landsat-3), que são representadas, respectivamente, em 256 (maior resolução radiométrica) e 60 (menor resolução radiométrica) níveis de cinza.

O sensor tem ainda uma **resolução temporal**, isto é, a frequência de imageamento sobre uma mesma área. Por exemplo, a resolução temporal de 16 dias do TM-Landsat-5 é menor que a do sensor a bordo do satélite meteorológico Goes, que obtém imagens da mesma face da Terra a cada meia hora.

Fig. 1.9 Imagens do aeroporto de San Francisco (EUA), tomadas com resolução espacial de 30 m (a), 5 m (b) e 1 m (c) pelos sensores a bordo dos satélites Landsat-5, IRS-2 e Ikonos-2, respectivamente
Cortesia: Mauricio B. Meira.

Processo de Formação de Cores

Para entender como os filmes coloridos funcionam, é necessário entender o processo de formação das cores, que pode ser aditivo ou subtrativo. O princípio da fotografia colorida consiste na possibilidade de se reproduzir qualquer cor a partir de uma mistura de apenas três cores primárias: azul, verde e vermelho. A mistura das cores primárias, denominada processo aditivo, forma as cores amarela, ciano (verde-azulado) e magenta, que são as cores secundárias ou subtrativas. Cada uma destas três cores resulta da subtração de uma das cores da luz branca. No processo aditivo de formação das cores, como mostra o diagrama, observa-se que a mistura da luz verde com a luz vermelha resulta na produção da luz amarela. Da mistura do vermelho com o azul resulta a luz magenta, e da mistura do verde com o azul, resulta a luz ciano. A combinação das três cores primárias, em proporções iguais, gera o branco.

Processo aditivo

Processo subtrativo

O processo subtrativo de formação de cores é o mais utilizado na geração de fotografias coloridas. Nesse processo, como mostra o diagrama, três filtros são colocados em frente a uma fonte de luz branca. O filtro amarelo absorve a luz azul do feixe de luz branca e transmite as luzes verde e vermelha. O filtro magenta absorve a luz verde e transmite a azul e a vermelha. O filtro ciano absorve o componente vermelho e transmite o verde e o azul. A superposição dos filtros magenta e ciano, mostrada no diagrama, permite a passagem da luz azul, pois o filtro magenta absorve o verde e o ciano absorve o vermelho. A superposição do amarelo e ciano e do amarelo e magenta gera as cores verde e vermelha, respectivamente. A superposição dos três filtros impede a passagem da luz, absorvendo as três cores primárias presentes na luz branca, e a falta de cores resulta no preto.

1.6 Fotografias Coloridas

A tonalidade ou a cor das fotografias obtidas por meio de um sensor fotográfico (câmara fotográfica) vai depender da sensibilidade do filme e dos filtros utilizados no processo de formação das cores. Dessa maneira, com um filme preto e branco pancromático, que é sensível à faixa do visível, é possível obter fotografias aéreas em preto e branco, também denominadas pancromáticas (Fig. 1.10a). Com um filme infravermelho preto e branco, são obtidas fotografias em preto e branco infravermelhas, como simulado na Fig. 1.10b.

Com um filme colorido, sensível à faixa do visível, são obtidas fotografias coloridas, também denominadas normais ou naturais; nelas os objetos são representados com as mesmas cores vistas pelo olho humano (Figs. 1.10c e 1.11a). Com um filme infravermelho colorido, sensível à faixa do infravermelho próximo, são obtidas fotografias coloridas infravermelhas, também denominadas **falsa-cor** (Figs. 1.10d e 1.11b).

Os filmes infravermelhos coloridos foram denominados falsa-cor porque a cena registrada por esse tipo de filme não é reproduzida com suas cores verdadeiras, isto é, como vistas pelo olho humano. Esses filmes foram desenvolvidos durante a Segunda Guerra Mundial, com o objetivo de detectar camuflagens de alvos pintados de verde que imitavam vegetação. Essa detecção é possível porque a vegetação, como vimos no gráfico da Fig. 1.3, reflete mais intensamente energia na região do infravermelho. Desta forma, enquanto nas fotografias falsa-cor a vegetação aparece em vermelho, objetos verdes ou vegetação artificial geralmente aparecem em azul/verde, como pode ser observado na Fig. 1.11b.

A escolha do tipo de filme para um determinado estudo depende do seu objetivo e da disponibilidade de recursos, pois os filmes coloridos são mais caros do que os em preto-e-branco. As fotografias obtidas com filmes infravermelhos são as que fornecem mais informações sobre vegetação, fitossanidade das culturas (permitem diferenciar plantas sadias de plantas doentes) e umidade do solo (Fig. 1.12). Atualmente, o mais comum é a utilização de câmeras digitais na obtenção de fotografias a partir de aeronaves. Existe, porém um valioso acervo histórico de fotografias aéreas do território nacional obtidas com o uso de filmes. Esses dados podem ter muita utilidade em estudos multitemporais.

Luiz A. Paulino

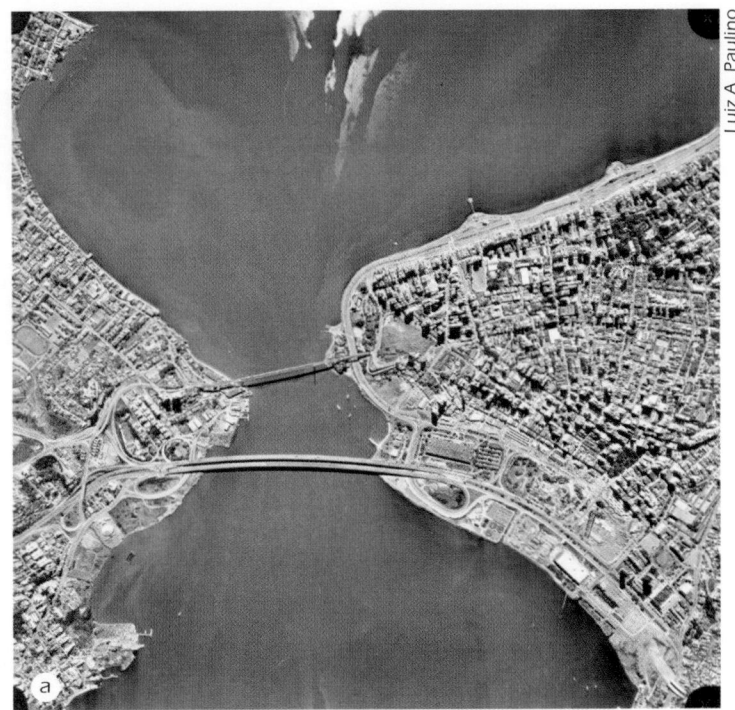

Fig. 1.10 Fotografias aéreas de Florianópolis (SC) (no centro, as pontes Ercílio Luz e Colombo, que ligam a ilha de Santa Catarina ao continente): preto-e-branco pancromático (a); preto-e-branco infravermelho (simulação) (b); colorido natural (c); e colorido falsa-cor (d), no qual podemos observar a vegetação representada em vermelho. Como a vegetação absorve muita energia no visível e reflete muita energia no infravermelho próximo, aparece escura em (a) e clara em (b)

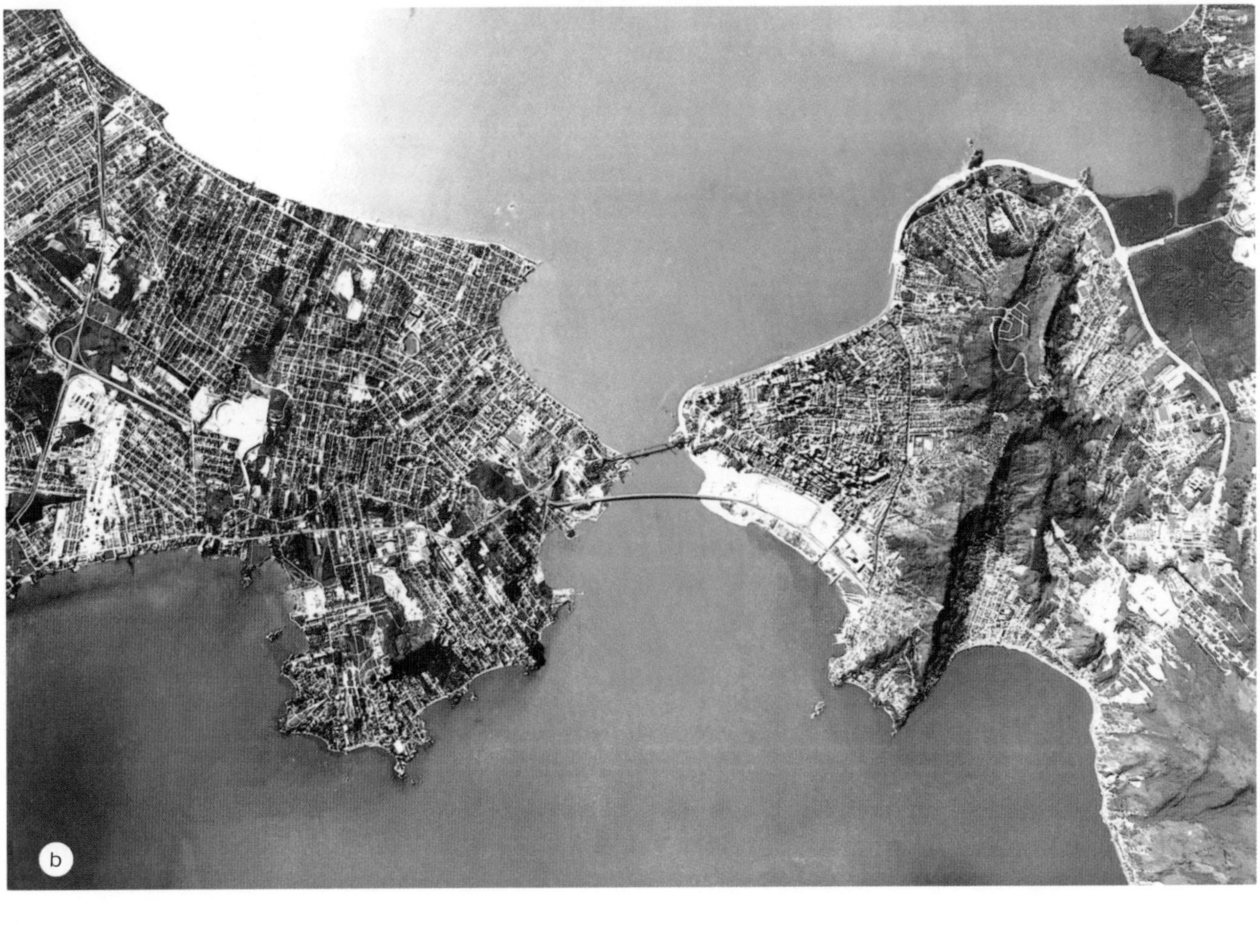

Cruzeiro do Sul

Capítulo 1 - Fundamentos de Sensoriamento Remoto

c

d

Intersat

Cruzeiro do Sul

21

Fig. 1.11 Fotografia aérea colorida natural (a) e colorida infravermelha (b) da Universidade de Wisconsin (EUA). Constata-se que o campo de futebol é formado por grama sintética (f), pois se a grama fosse natural (n), ela seria representada na cor vermelha na foto (b), como ocorre com o campo ao lado, de grama natural, e o restante da vegetação natural
Fonte: Lillesand e Kiefer, 2000.

Fig. 1.12 Fotografia infravermelha falsa-cor de culturas de trigo no município de Tapera (RS). Observe que as parcelas com trigo sadio estão representadas em vermelho mais claro e mais uniforme, enquanto aquelas do trigo atacado pela doença "mal do pé" (Ophiobulus graminis) aparecem em vermelho mais escuro mesclado ao verde, que representa o solo
Cortesia: Maurício A. Moreira.

1.7 Imagens Coloridas

As imagens obtidas por sensores eletrônicos, em diferentes canais, são originalmente produzidas de forma individual em preto-e-branco. A quantidade de energia refletida pelos objetos vai determinar a sua representação nessas imagens em diferentes tons de cinza, entre o branco (quando refletem toda a energia) e o preto (quando absorvem toda a energia). Ao projetar e sobrepor essas imagens, através de filtros coloridos azul, verde e vermelho (cores primárias), é possível gerar imagens coloridas conforme ilustrado nas Figs. 1.13, 1.14 e 1.15. Nas imagens coloridas, a cor de um objeto vai depender da quantidade de energia por ele refletida, da mistura das cores (segundo o processo aditivo) e da associação das cores com as imagens. Essa associação explica o fato de a vegetação e a área urbana

Capítulo 1 - Fundamentos de Sensoriamento Remoto

Fig. 1.13 Imagem colorida de Ubatuba, obtida a partir das imagens ETM⁺- Landsat-7, 11/8/1999, dos canais 3, 4 e 5, com as cores azul, verde e vermelha, respectivamente

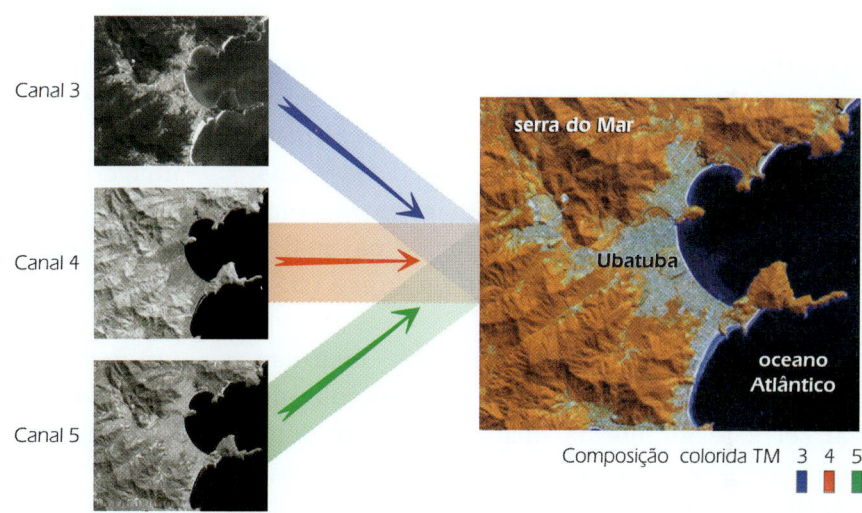

Fig. 1.14 Imagem colorida de Ubatuba, obtida a partir das imagens ETM⁺- Landsat-7 dos canais 3, 4 e 5, com as cores azul, vermelha e verde, respectivamente

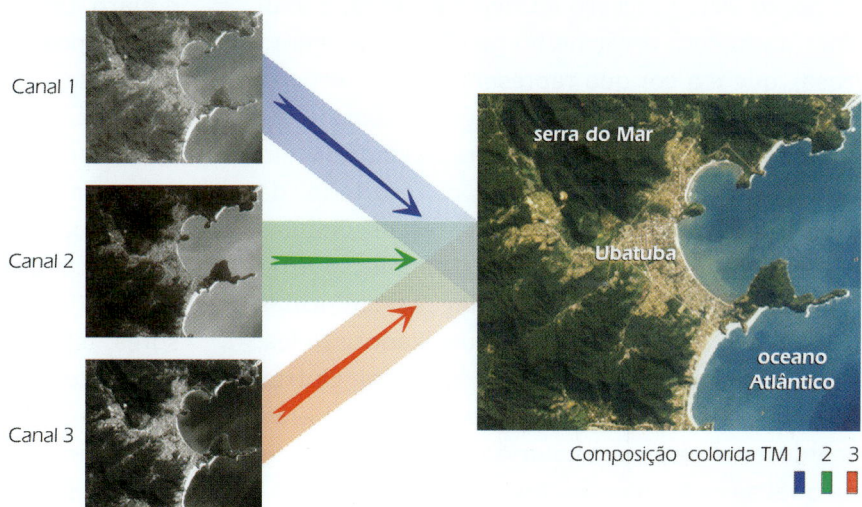

Fig. 1.15 Imagem colorida natural de Ubatuba, obtida a partir das imagens ETM⁺- Landsat-7 dos canais 1, 2 e 3, com as cores azul, verde e vermelha, respectivamente

serem representadas com cores diferentes nas imagens coloridas das Figs. 1.13 e 1.14, embora as imagens originais sejam as mesmas. O que mudou foi apenas a associação das cores com essas imagens.

Pela análise das Figs. 1.13 a 1.15, verificamos que, se um objeto é branco nas três imagens em preto-e-branco que dão origem à imagem colorida, nessa imagem (colorida) ele também é representado em branco, como no caso da areia da praia (Fig. 1.15). O mesmo processo ocorre quando um objeto é preto nas três imagens originais. Por isto, ele é representado em preto também na imagem colorida, como acontece com a sombra do relevo e a água mais limpa e profunda do oceano.

Se um objeto é claro (branco) somente em uma das imagens originais, na imagem colorida ele é representado pela cor que foi associada a essa imagem original, o que explica a vegetação verde na imagem da Fig. 1.13 e a vegetação com predomínio de vermelho na Fig. 1.14. Essas foram as cores associadas às imagens do canal 4 do infravermelho próximo, região na qual a vegetação reflete mais energia e aparece clara nessas imagens.

Se um objeto aparece claro em duas das imagens originais, sua cor na imagem colorida vai ser a resultante da mistura entre as duas cores que forem associadas às imagens originais nas quais ele é branco. Tomemos como exemplo a área urbana que aparece clara nas imagens dos canais 3 e 5. Na Fig. 1.13, as imagens foram associadas às cores azul e vermelho, respectivamente. Pelo processo aditivo das cores, o azul misturado com o vermelho resulta no magenta (rosa), que é a cor que representa a área urbana na imagem colorida. Na imagem colorida da Fig. 1.14, a área urbana está representada em ciano (azul-turquesa), que é o resultado da mistura de azul com verde, cores associadas respectivamente às imagens dos canais 3 e 5.

Esses dois tipos de imagens coloridas (Figs. 1.13 e 1.14) são os mais utilizados. Neles, a cor dos objetos, em geral, é falsa. Outras combinações podem ser obtidas e, dentre elas, destacamos a imagem colorida natural (Fig. 1.15), na qual as cores dos objetos são verdadeiras.

A partir de imagens Landsat do visível, por exemplo, é possível gerar uma imagem colorida natural, desde que elas sejam associadas às respectivas cores. Assim, no exemplo da Fig. 1.15, à imagem do canal 1, que corresponde à faixa da luz azul do espectro visível, associamos a cor azul; à imagem do canal 2, que corresponde à faixa da luz verde do espectro visível, associamos a cor verde; e à imagem do canal 3, que corresponde à luz vermelha do espectro visível, associamos a cor vermelha.

Atualmente, com o crescente uso de imagens digitais e de *softwares* de processamento de imagens, o usuário pode testar vários tipos de composições coloridas a partir das imagens disponíveis em nível de cinza (preto-e-branco). A geração de composições coloridas é uma técnica de realce e integração de dados de sensoriamento remoto, como mostrado no Cap. 5. O esquema apresentado na Fig. 1.16 pode ser aplicado para qualquer conjunto de três imagens (A, B e C) combinadas com as três cores primárias (azul, verde e vermelho). A partir da análise de gráficos como o da Fig. 1.3 (curvas espectrais dos objetos), do processo aditivo das cores e desse esquema, é possível saber a cor que um determinado objeto vai assumir na composição colorida resultante de uma determinada combinação de imagens.

Na Fig. 1.16, como salientado anteriormente, podemos observar que um objeto branco (claro) nas três imagens originais também será branco na imagem colorida resultante. O mesmo ocorre com um objeto preto (escuro). Quando um objeto é claro em apenas uma das imagens originais, na composição colorida ele assume a cor que foi atribuída a essa imagem original. Quando um objeto é claro em duas das imagens originais, ele assume, na composição colorida, a cor resultante da mistura das duas cores associadas a essas duas imagens originais.

Um recurso cada vez mais explorado é a geração de composições coloridas multissensores, isto é, a integração de dados obtidos por diferentes sensores. Desse modo, é possível realizar várias combinações e reunir em uma única imagem dados ópticos (do visível e infravermelho) e de radar (de micro-ondas). Para

Capítulo 1 - Fundamentos de Sensoriamento Remoto

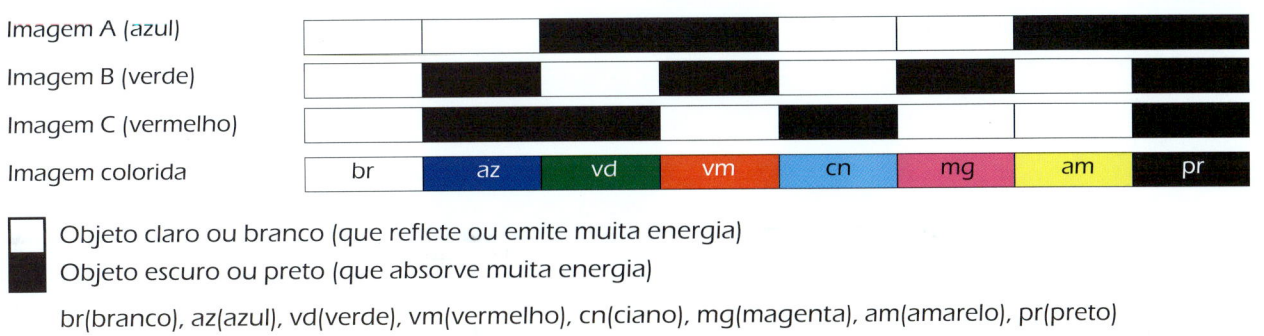

Fig. 1.16 Esquema de obtenção de uma imagem colorida

obter um bom resultado, é fundamental que o registro (a superposição) entre as imagens utilizadas na integração seja realizado com o menor erro possível.

Vale a pena lembrar que, de um lado, as composições coloridas facilitam a análise por meio do uso da cor e permitem que em uma única imagem sejam integradas as informações provenientes de três bandas espectrais diferentes. Por outro lado, elas podem camuflar determinados objetos e dificultar sua identificação. Por isto, é importante analisar uma composição colorida junto com as imagens que a originaram.

Capítulo 2
PROGRAMAS ESPACIAIS

O desenvolvimento da tecnologia espacial traz benefícios para várias áreas do conhecimento: telecomunicações, previsão do tempo e clima, meio ambiente, medicina, indústria, entre outras. Os programas espaciais servem de motor para a inovação tecnológica e desenvolvem inúmeros materiais, máquinas e produtos que beneficiam a sociedade. Como exemplos podem ser citados a ultrassonografia (utilizada na detecção de tumores), resultado do desenvolvimento da tecnologia de obtenção de imagens de satélites, e o *airbag* (equipamento de segurança instalado em automóveis), que tem origem na tecnologia relativa à geração de gás dentro do satélite. Neste capítulo destacamos os principais programas de satélites.

2.1 Satélites Artificiais

Um satélite é um objeto que se desloca em círculos, em torno de outro objeto. Existem os satélites naturais, como, por exemplo, a Lua, que gira em torno da Terra, e existem os satélites artificiais, construídos pelo homem, que dependendo da finalidade deslocam-se na órbita da Terra ou de outro corpo celeste. A órbita é o caminho que o satélite percorre.

O satélite artificial permanece em órbita devido à aceleração da gravidade da Terra e à velocidade em que ele se desloca no espaço, a qual depende da altitude da sua órbita. Assim, por exemplo, a velocidade de um satélite artificial em uma órbita a 800 quilômetros de altitude da Terra é de cerca de 26 mil quilômetros por hora.

O tipo de órbita na qual se coloca um satélite é definido principalmente em função da sua inclinação e do seu período de revolução (tempo de um giro completo em torno da Terra), o qual está diretamente relacionado com a sua altitude. Além de baixas ou altas, as órbitas podem ser de dois tipos básicos: polar e equatorial, ilustrados na Fig. 2.1. Existem, no entanto, vários satélites com órbitas inclinadas entre os pólos e o equador. A órbita polar, paralela ao eixo da Terra, tem uma inclinação de 90°, que permite a passagem do satélite sobre todo o planeta e de forma sincronizada com o movimento da Terra em torno do Sol. Por isso, é chamada também de heliossíncrona. Nessa órbita o satélite cruza o equador sempre na mesma hora local.

A órbita equatorial, com uma inclinação de 0°, coincide com o plano do equador. Ela é chamada de geossíncrona quando a sua altitude é de cerca de 36 mil quilômetros, o que permite ao satélite completar um giro em torno da Terra em aproximadamente 24 horas, o mesmo período de rotação do nosso planeta. Nesse caso, também recebe o nome de geoestacionária, porque nessa órbita o satélite está sempre na mesma posição em relação à Terra. É como se o satélite estivesse "estacionado", o que possibi-

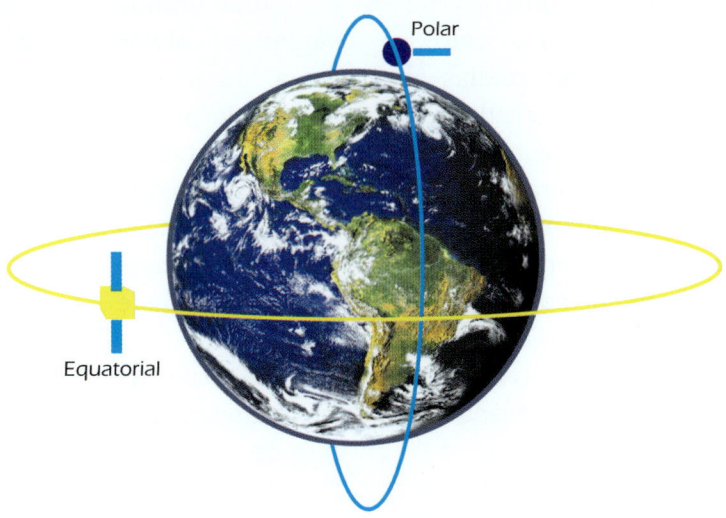

Fig. 2.1 Órbitas de satélites artificiais

lita observar sempre a mesma área da superfície terrestre e, consequentemente, obter imagens da mesma face da Terra (Fig. 2.2). Os satélites que se deslocam nesse tipo de órbita não cobrem as regiões polares.

Um programa completo de desenvolvimento de um satélite envolve, além do próprio satélite, o foguete lançador e o segmento solo, que tem a função de supervisionar o funcionamento do satélite, controlar seu deslocamento na órbita predefinida e a recepção dos dados enviados por ele. A maior parte dos satélites artificiais é lançada em órbita com o uso de foguetes, também conhecidos como veículos lançadores não recuperáveis, porque, após o lançamento, eles se desintegram ou ficam perdidos no espaço.

O satélite, como ilustrado na Fig 2.3, normalmente é composto de três grandes partes: 1) a plataforma, que contém todos os equipamentos para o funcionamento do satélite; 2) o painel solar, para o suprimento de sua energia; e 3) a carga útil, os equipamentos (antenas, sensores, transmissores) necessários para o cumprimento da sua missão. As formas mais comuns de satélite (plataforma) são em cubo e em cilindro. O seu tamanho varia de 1 metro a 5 metros de comprimento e o peso, de 500 a 3.000 quilos.

Assim como outras plataformas, veículos e equipamentos eletrônicos, os satélites necessitam de energia elétrica para o seu funcionamento. Por isso, grande parte dos satélites é equipada com painéis solares, que permitem converter a energia solar em energia elétrica. O painel solar, ilustrado na Fig. 2.3, é uma grande placa recoberta com as chamadas células solares. Essas células absorvem a luz solar e produzem eletricidade, que é fornecida para o satélite por meio de fios elétricos. A quantidade de energia gerada por um painel solar depende do seu tamanho e de sua distância em relação ao Sol. Assim, quanto maior for a placa e mais próximo do Sol estiver, maior será a quantidade de energia gerada.

O desenvolvimento de satélites artificiais teve início na década de 1950 com o lançamento do Sputnik-1, no dia 4 de outubro de 1957, pela antiga União das Repúblicas Socialistas Soviéticas, URSS. Em fevereiro de 1958, os Estados Unidos lançaram seu primeiro satélite: o Explorer-1. Na década de 1960, com o lançamento do satélite Telstar (em 1962) e do Intelsat-1 (1965), iniciava-se a rede mundial de comunicação por satélite, que possibilitava o envio de imagens de televisão ao vivo. Os satélites artificiais, cada vez mais, fazem parte do dia a dia da vida moderna. Por meio deles recebemos imagens e notícias do mundo inteiro e nos comunicamos pela internet e por chamadas telefônicas de longa distância. Atualmente, estima-se entre 4 mil e 5 mil o número de satélites orbitando a Terra. Acredita-se que existam aproximadamente 70 mil objetos, entre satélites e sucatas, girando em torno do nosso planeta. Não se conhece, no entanto, seus possíveis impactos sobre a Terra.

Os satélites artificiais são construídos para diferentes finalidades: telecomunicação, espionagem, experimentos científicos (nas áreas de Astronomia e Astrofísica; Geofísica Espacial; Planetologia; Ciências da Terra, Atmosfera e Clima), meteorologia e observação da Terra (também conhecidos como de sensoriamento remoto ou de recursos terrestres, uma vez que servem de plataforma de coleta de dados dos recursos da Terra). Existem ainda os satélites de Posicionamento Global (GPS) que são importantes na navegação terrestre, aérea e marítima, além de ajudar na localização de pessoas, objetos e lugares. A seguir são destacados os satélites meteorológicos, de sensoriamento remoto e os principais tipos de sensores que levam a bordo.

a) **Satélites Meteorológicos**

Os satélites meteorológicos, assim como os de comunicação, giram em órbitas geoestacionárias, muito distantes da Terra, a cerca de 36 mil quilômetros de altitude. Esse tipo de órbita é apropriado para esses satélites, pois permite manter sua antena apontada sempre para uma mesma região da Terra e assim captar e transmitir dados de extensas áreas e com grande frequência. Os satélites de comunicação possibilitam transmitir milhões de chamadas telefônicas, mensagens e informações pela internet em tempo real para todas as partes do mundo.

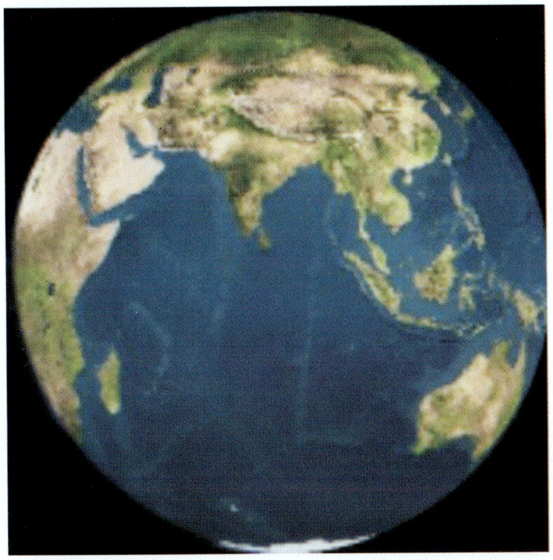

Capítulo 2 - Programas Espaciais

(a) Goes East

(b) Goes West

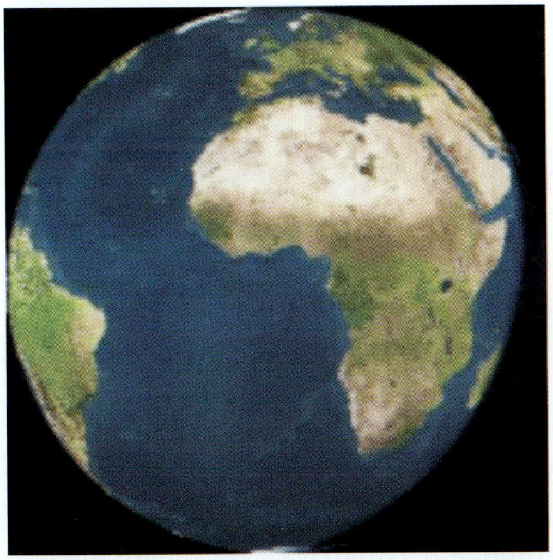

(c) Meteosat

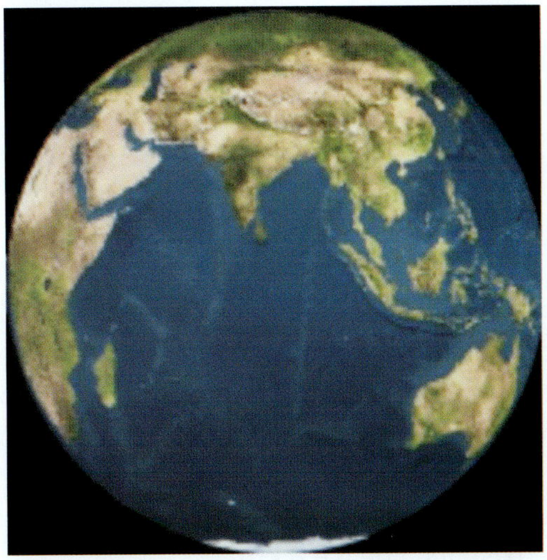

(d) Elektro

(e) GMS

(f) Fengyun

Fig. 2.2 As faces da Terra, representadas nas imagens dos satélites meteorológicos Goes East (a) e Goes West (b), ambos norte-americanos; Meteosat (c), europeu; Elektro (d), russo; GMS (e), japonês; e Fengyun (f), chinês. Imagens como estas comprovam a forma esférica do nosso planeta
Fonte: <http://www.fourmilab.ch/cgi-bin/uncgi/earth>. Acesso em: 2 abr. 2000

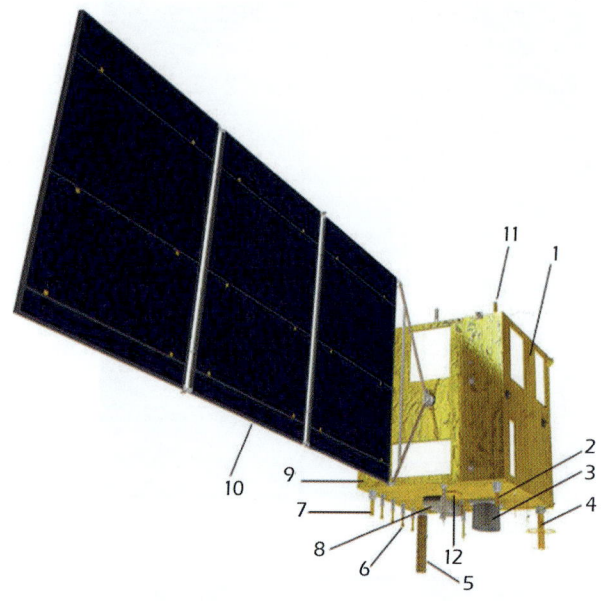

1 - Módulo de Serviço
2 - Antena UHF de Recepção
3 - Câmera IRMSS
4 - Antena de Transmissão em VHF
5 - Antena UHF Tx/Rx
6 - Antena de Transmissão do CCD
7 - Antena de Transmissão em UHF
8 - Câmera CCD
9 - Módulo de Carga Útil
10 - Painel Solar
11 - Antena de Recepção em UHF
12 - Câmera Imageadora WFI

Fig. 2.3 Satélite CBERS (China-Brazil Earth Resources Satellite) e seus principais componentes
Fonte: CBERS/Inpe.

Goes e Noaa

Os satélites de órbita geoestacionária, como os da série Goes, estão a uma altitude aproximada de 36.000 km da superfície da Terra e fornecem imagens a cada 30 minutos. O sensor imageador a bordo desse satélite opera em um canal visível, com uma resolução espacial de 1 km e quatro canais no infravermelho, com uma resolução espacial de 4 e 8 km.

Os satélites Noaa, de órbita polar, estão a uma altitude aproximada de 850 km. O sensor AVHRR-3, a bordo dos satélites mais recentes dessa série, opera em seis canais e fornece pelo menos duas imagens por dia da mesma área, com uma resolução espacial de 1,1 km. Atualmente, os satélites Noaa-12, 15, 17 e 18, dessa série, fazem a cobertura do globo terrestre. O acesso às imagens obtidas pelo AVHRR-Noaa é rápido, em tempo real, irrestrito e sem custo (http://satelite.cptec.inpe.br/home). Essas imagens cobrem uma área da superfície terrestre de aproximadamente 2.500 por 4.000 km. Mais informações sobre esse sensor e suas aplicações encontram-se no livro coordenado por Ferreira (2004).

Satélite da série Goes

Satélite da série Noaa

Dos satélites meteorológicos é possível obter imagens da cobertura de nuvens sobre a Terra, por meio das quais observamos fenômenos meteorológicos como, por exemplo, frentes frias, geadas, furacões e ciclones. A previsão desses fenômenos pode salvar milhares de vidas. Dados de satélites meteorológicos também permitem a quantificação dos fenômenos associados às mudanças climáticas.

Cabe destacar ainda que dados obtidos de satélite de órbita polar, como o Noaa da série Tiros-N, também são muito utilizados em meteorologia. Além dos dados dos satélites Noaa, no Brasil são utilizados, principalmente, os dados obtidos do satélite meteorológico europeu Meteosat e do norte-americano Goes. Mais informações sobre os satélites meteorológicos e suas aplicações podem ser encontradas na internet no endereço <http://www.cptec.inpe.br>.

b) **Satélites de Recursos Terrestres**

Os satélites de sensoriamento remoto dos recursos terrestres (também conhecidos como de observação da Terra) têm uma órbita circular, heliossíncrona e quase polar. Isto quer dizer que o satélite se desloca em torno da Terra com a mesma velocidade de deslocamento da Terra em relação ao Sol, o que garante as mesmas condições de iluminação para a superfície terrestre e a passagem aproximadamente no mesmo horário local sobre os diferentes pontos da Terra. Entre os vários satélites de sensoriamento remoto dos recursos terrestres existentes, podemos mencionar os americanos da série Landsat, os franceses da série Spot e os indianos da série IRS.

Merece destaque também o programa espacial EOS (*Earth Observing System*, Sistema de Observação da Terra). Esse programa internacional, que conta com a participação de pesquisadores brasileiros, inclui numerosos satélites e sensores. O primeiro satélite desse programa é o Terra, inicialmente denominado EOS-AM-1. O nome Terra resulta de um concurso realizado nos Estados Unidos, para estudantes do ensino fundamental e médio, vencido por uma aluna de 13 anos. O satélite Terra foi lançado no dia 18 de dezembro de 1999, e está em uma órbita circular, heliossíncrona e quase polar, a 705 km de altitude. No dia 4 de maio de 2002, foi lançada a segunda plataforma desse programa, o satélite Aqua, que leva a bordo seis sensores, sendo um deles, o de detecção de umidade atmosférica (*Humidity Sounder for Brazil* - HSB), desenvolvido pelo Brasil.

Entre os cinco sensores a bordo do satélite Terra, destacamos o Aster (*Advanced Spaceborne Thermal Emission and Reflection Radiometer*, Radiômetro Espacial Avançado de Emissão Termal e Reflexão) e o Modis (*Moderate-Resolution Imaging Spectroradiometer*, Espectrorradiômetro Imageador de Média Resolução). O Aster possui três subsistemas: um que opera em três canais na região do visível e infravermelho próximo, com uma resolução espacial de 15 m, e permite gerar imagens em estéreo; outro, que opera com seis canais na região do infravermelho médio, com uma resolução de 30 m; e um terceiro, que opera com cinco canais na região do infravermelho termal, com uma resolução espacial de 90 m. Os três subsistemas cobrem, na visada nadir (vertical), uma área de 60 x 60 km. O Modis, que coleta dados em 36 canais espectrais, nas regiões do visível e infravermelho, é considerado o principal sensor dos satélites Terra e Aqua. A resolução espacial das imagens, que cobrem uma área de 2.330 km, varia de 250 m a 1 km. Os dados Modis podem ser obtidos gratuitamente no endereço <http://modis.gsfc.nasa.gov>. O livro organizado por Rudorff et al. (2007) traz mais informações sobre esse sensor e suas aplicações.

Do final da década de 1990 em diante, tivemos o lançamento, entre outros, dos satélites norte-americanos Ikonos e QuickBird, além do israelense Eros, do francês Spot-5 e dos recém-lançados WorldView-2 e GeoEye-1 (americanos). Esses satélites de observação da terra levam a bordo sensores de alta resolução espacial, entre 0,5 e 2,5 metro. A disponibilidade desse tipo de dados amplia a possibilidade de aplicações como, por exemplo, o estudo do ambiente urbano, caracterizado por uma grande variedade de objetos e de tamanhos relativamente pequenos, o que requer o uso de imagens de alta resolução espacial. Com relação aos satélites equipados com sensores do tipo radar, podemos destacar os satélites Radarsat 1 e 2 (canadenses), ERS 1 e 2 (europeus), substituídos pelo Envisat, e o Jers-1 (japonês). Este último foi recentemente substituído pelo ALOS, que leva a bordo um sofisticado radar, o Palsar, além de mais dois sensores ópticos.

O Brasil recebe imagens Landsat desde 1973, através de uma antena da estação de recepção do Inpe (Instituto Nacional de Pesquisas Espaciais), localizada em Cuiabá-MT, local estratégico por estar no centro geodésico da América do Sul (Fig. 2.4). O Inpe recebe também as imagens dos satélites CBERS, Terra, Aqua, Noaa, Goes-12, Meteosat, GMS e, mais recentemente, do indiano Resourcesat-1 (IRS-P6).

2.2 Programa Espacial Brasileiro

Desde a década de 1960, o Brasil desenvolve pesquisas no campo da ciência e tecnologia espacial, o que justifica a sua participação no seleto grupo de 18 países que dominam o conhecimento sobre o ciclo de desenvolvimento de um satélite artificial. Esses países cooperam e negociam entre si na área da ciência e tecnologia espaciais. Com esse conhecimento, o Brasil deixa de ser um simples usuário das tecnologias espaciais, aumenta a sua soberania e independência e, consequentemente, o poder de barganha e condições de competir. Ele é o único país em desenvolvimento convidado para participar do programa da Estação Espacial Internacional. Vamos conhecer a seguir, por meio dos programas MECB e CBERS, um pouco a respeito das pesquisas espaciais brasileiras.

a) **Programa MECB**

O primeiro programa espacial brasileiro foi chamado de Missão Espacial Completa Brasileira (MECB). Coordenado pela Agência Espacial Brasileira (AEB), previa inicialmente a construção de três satélites de coleta de dados (SCD-1, SCD-2 e SCD-3) e dois satélites de sensoriamento remoto de observação da Terra (SSR1 e SSR2). O SCD-1, primeiro satélite brasileiro de coleta de dados (Fig. 2.5a), foi lançado com sucesso no dia 9 de fevereiro de 1993 pelo foguete americano Pegasus. O mesmo sucesso ocorreu com o SCD-2, segundo satélite brasileiro de coleta de dados (Fig. 2.5b), lançado no dia 22 de outubro de 1998. Ambos estão em funcionamento.

O objetivo principal dos satélites de coleta de dados é retransmitir dados ambientais

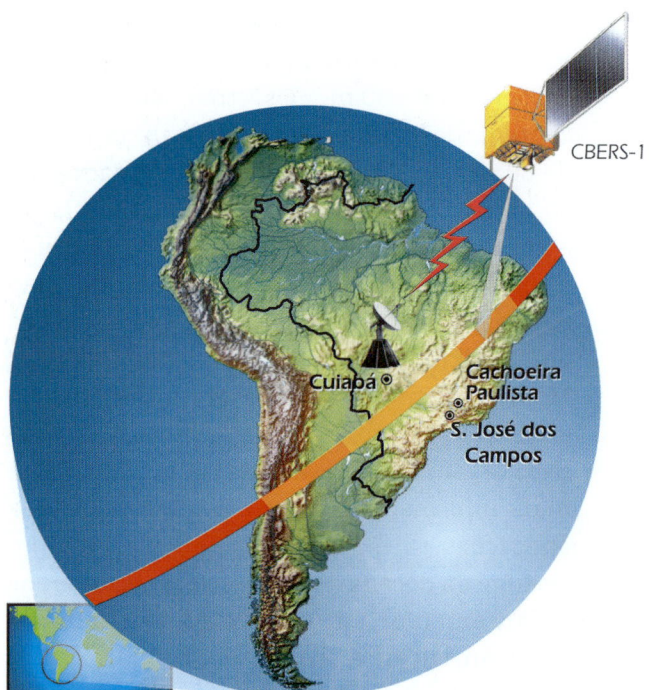

Fig. 2.4 Recepção (Cuiabá), processamento e distribuição de imagens de satélites (Cachoeira Paulista) e pesquisa em sensoriamento remoto (São José dos Campos) no Brasil
Fonte: Inpe.

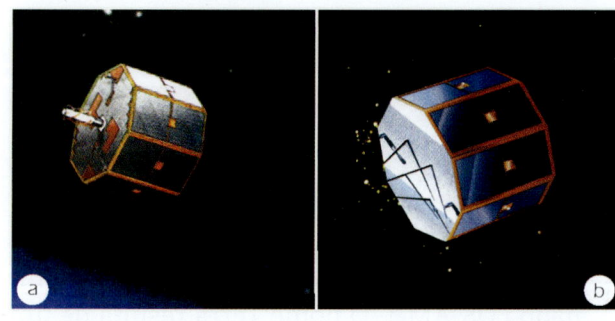

Fig. 2.5 O SCD-1 (a) e o SCD-2 (b)

Landsat

O Landsat-1, lançado em julho de 1972 pela Nasa, foi o primeiro satélite de uma série de oito até o momento, desenvolvidos para a observação dos recursos terrestres. Nos três primeiros satélites da série Landsat, o principal sistema sensor era o *Multiespectral Scanner System* (MSS), que operava em quatro canais (dois no visível e dois no infravermelho próximo), com uma resolução espacial de 80 m. Os Landsat-1, 2 e 3 passavam sobre a mesma área da superfície terrestre a cada 18 dias.

A partir do Landsat-4, lançado em 1982, além do MSS, foi colocado em operação um novo sistema sensor com tecnologia mais avançada, o *Thematic Mapper* (TM). Esse sensor registrava dados em sete canais ou bandas espectrais (três no visível, um no infravermelho próximo, dois no infravermelho médio e um no infravermelho termal) com uma resolução espacial de 30 m (exceto para o canal termal, que é de 120 m). O Landsat-5, com as mesmas características do seu antecessor, foi lançado em 1984. Este satélite funcionou até 2011, superando em mais de 20 anos a vida útil prevista.

O Landsat-6, que não conseguiu atingir a sua órbita, foi declarado perdido após o seu lançamento em 5 de outubro de 1993. No Landsat-7, lançado, em 15 de abril de 1999, o sensor TM foi substituído pelo ETM+ *(Enhanced Thematic Mapper, Plus)*, que tem a configuração básica do TM e um aperfeiçoamento do ETM, desenvolvido para o Landsat-6. O ETM+ inclui, ainda, um canal pancromático (da região do visível e infravermelho próximo) com uma resolução espacial de 15 m e resolução espacial do canal termal de 60 m. Desde 2003, devido a falhas operacionais do Landsat-7, estão sendo obtidas apenas as imagens do Landsat-5. Este satélite

Landsat 5 e 7 (L-5 e L-7) Banda/Sensor/Satélite	Faixa/Região Espectral	Resolução
1 (TM-L-5 e ETM+-L-7)	0,45-0,52 μm (azul)	30 m
2 (TM-L-5 e ETM+-L-7)	0,52-0,60 μm (verde)	30 m
3 (TM-L-5 e ETM+-L-7)	0,63-0,69 μm (vermelho)	30 m
4 (TM-L-5 e ETM+-L-7)	0,76-0,90 μm (IVP)	30 m
5 (TM-L-5 e ETM+-L-7)	1,55-1,75 μm (IVM)	30 m
6 (TM - L - 5)	10,42-12,50 μm (IVT)	120 m
6 (ETM+-L-7)	10,42-12,50 μm (IVT)	60 m
7 (TM-L-5 e ETM+-L-7)	2,08-2,35 μm (IVM)	30 m
8 PAN (ETM+-L-7)	0,50-0,90 μm (VIS/IVP)	15 m

VIS – visível; IVP – infravermelho próximo; IVM – infravermelho médio; IVT – infravermelho termal. PAN – Pancromático (referente a toda a faixa do espectro visível, pode incluir parte do IVP)

passa sobre a mesma área da superfície terrestre a cada 16 dias, e cada imagem obtida cobre uma área de 185 por 185 km. A órbita dos satélites Landsat é circular, heliossíncrona e quase polar. O Landsat-7 está a uma altitude de 705 km (equivalente à distância em linha reta entre São Paulo e Florianópolis) e o horário local médio de passagem é às 10h.

Embora ainda em atividade, desde 2003 foi interrompida a recepção dos dados do Landsat-7 no Brasil, em razão de falhas operacionais. Mais recentemente, em 11 de fevereiro de 2013, ocorreu o lançamento do Landsat-8 (http://landsat.usgs.gov/landsat8.php), que também passa sobre a mesma área a cada 16 dias, com uma defasagem de oito dias em relação ao anterior. Este satélite leva a bordo os sensores OLI e TIRS.

obtidos na Terra, através de plataformas automáticas de coleta de dados (PCDs) (Fig. 2.6). Uma grande variedade de sensores pode ser conectada às PCDs, os quais registram dados para a previsão do tempo (temperatura, umidade relativa do ar, direção e velocidade do vento, pressão atmosférica, chuva); o monitoramento de recursos hídricos (nível de rios, lagos e reservatórios); o monitoramento ambiental, por meio de dados da qualidade da água (Ph, temperatura, salinidade etc.) e da atmosfera (concentração de CO_2, ozônio, monóxido de carbono etc.), entre outros campos de pesquisa. Para obter mais informações sobre o Sistema Nacional de Dados Ambientais (SINDA), que utiliza as PCDs, consultar o endereço <http://sinda.crn2.inpe.br/PCD>.

A finalidade principal dos satélites brasileiros de sensoriamento remoto (SSR) é o monitoramento ambiental da Floresta Amazônica, assim como dos biomas Cerrado, Pantanal, da Caatinga e Mata Atlântica, entre outros. O atual programa espacial brasileiro planeja a construção de uma Plataforma Multimissão (PMM), um módulo que servirá de base para vários satélites, como o Amazônia-1, que está sendo desenvolvido em lugar do SSR-1 e tem previsão de lançamento para 2012. A órbita prevista para este satélite é polar, a uma altitude de 780 km. Deverá levar a bordo um sensor do tipo WFI (imageador de visada

Fig. 2.6 Sistema de coleta de dados dos satélites brasileiros SCD-1 e SCD-2

larga) para aquisição de imagens do visível e infravermelho próximo, com resolução espacial de 40 m, cobrindo uma área de 720 x 720 km em intervalos de quatro dias. Nesse contexto, está previsto ainda o desenvolvimento de um satélite que levará a bordo um radar imageador.

Estão em planejamento também pelo programa brasileiro satélites meteorológico, de telecomunicação e científico. Previsto para ser lançado em 2014, o satélite científico terá duas missões: Equars, que consistirá em estudar fenômenos da alta atmosfera na região equatorial, e Mirax, para observação e monitoramento de uma região central no núcleo da nossa galáxia, na faixa de raios X, o que permitirá o estudo inédito de um grande número de objetos astrofísicos importantes. Um dos principais objetivos desse programa, que conta com a participação de um consórcio de empresas nacionais, é a capacitação da indústria brasileira na tecnologia de satélites geoestacionários, para aumentar sua competitividade no mercado externo. O Brasil participará, ainda, da missão Medida da Precipitação Global (*Global Precipitation Measurement* – GPM). Esta integra a próxima geração de missões de Ciências da Terra baseada em satélites, que estudará a precipitação global (chuva, neve e gelo).

b) **Programa CBERS**

O programa CBERS (*China-Brazil Earth Resources Satellite*, Satélite Sino-Brasileiro de Recursos Terrestres) é o resultado da cooperação técnica entre o Brasil e a China para a construção de satélites de sensoriamento remoto de recursos terrestres. No dia 14 de outubro de 1999, um foguete chinês da série Longa Marcha (Fig. 2.7b) lançou o primeiro satélite desse programa, o CBERS-1 (Fig. 2.7a), atualmente desativado. Em 21 de outubro de 2003 e 19 de setembro de 2007, foram lançados, respectivamente, o CBERS-2 e o CBERS-2B.

O satélite CBERS, com características semelhantes ao Landsat e ao Spot, leva a bordo três tipos de sensores: uma câmara CCD, um varredor multiespectral infravermelho (IRMSS) e um imageador de visada larga (WFI). Uma imagem obtida pela câmara CCD é mostrada na Fig. 2.8. A exemplo dos satélites SCD-1 e SCD-2, o CBERS leva a bordo também um sistema de coleta de dados que retransmite, em tempo real, dados ambientais coletados na Terra por pequenas estações autônomas. Com uma órbita circular, heliossíncrona e quase polar, ele está a uma altitude de 778 km, e o horário local médio de sua passagem é às 10h30.

Dando continuidade a esse programa serão construídos os satélites CBERS-3 e 4, com previsão de lançamento para 2011 e 2013, respectivamente. Para não interromper a aquisição de imagens, foi construído também o CBERS-2B (lançado em setembro de 2007). Recentemente, em maio de 2010, o CBERS-2B teve suas funções encerradas, depois de milhares de imagens do Brasil e da China, além de países da América do Sul e África,

Fig. 2.7 Satélite CBERS-1 (a) e o seu lançamento pelo foguete Longa Marcha (b) da base de Taiyuan em 14/10/1999

Spot

No dia 22 de fevereiro de 1985, foi lançado o primeiro satélite francês da série Spot, o Spot-1. Em janeiro de 1990 e em setembro de 1993, foram lançados, respectivamente, o Spot-2 e o Spot-3. O sensor a bordo desses satélites é o HRV (*Haute Résolution Visible*), que opera na região do visível, no modo pancromático-PAN (0,51 a 0,73 µm), com uma resolução espacial de 10 m, e no modo multiespectral-XS em três faixas do espectro, dois canais no visível (XS1, 0,50 a 0,59 µm e XS2, 0,61-0,68 µm) e um no infravermelho próximo (XS3, 0,79-0,89 µm), com uma resolução espacial de 20 m. Cada imagem obtida por esse sensor cobre uma área de 60 por 60 km. Na visada nadir (vertical), a cada 26 dias é obtida uma imagem da mesma área da superfície terrestre. Na visada lateral ele pode adquirir pares esteroscópicos e aumentar a frequência de imageamento.

Em 24 de março de 1998, foi lançado o Spot-4, no qual opera o sensor imagecolor HRVIR (*Haute Résolution Visible et Infra Rouge*), com os canais PAN (0,61 a 0,68 µm, região do vermelho), B1 (0,50 a 0,59 µm, região do verde), B2 (0,61 a 0,68 µm, região do vermelho), B3 (0,78 a 0,89 mm, região do infravermelho próximo) e o canal MIR (1,58 a 1,75 µm, região do infravermelho médio). Como nos satélites anteriores, esse sensor obtém imagens da mesma área (60 x 60 km) a cada 26 dias. No Spot-4 opera também um novo sensor, o *Végétation* (VGT), nos canais B0 (0,43 a 0,47 µm, região do azul) e B2, B3 e MIR do HRVIR, mas com uma resolução espacial de 1 km. Uma imagem do *Végétation* cobre uma área de 2.250 km de largura.

Ele obtém uma imagem da mesma área a cada 24 horas. A finalidade das imagens do *Végétation* é o monitoramento contínuo da cobertura vegetal e das culturas do globo terrestre.

No dia 4 de maio de 2002, o satélite Spot-5 foi colocado em órbita. Ele leva a bordo os sensores HRS (*Haute Résolution Stéréoscopique*), canal pancromático-PA (0,49 a 0,69 µm) com uma resolução de 10 m, que gera pares estereoscópicos, e o HRG (*Haute Résolution Géométrique*), resolução de 2,5 a 5 m no canal pancromático-PA, de 10 m nos canais do visível (B1, 0,49-0,61 e B2) e infravermelho próximo (B3) e 20 m no canal infravermelho médio (SWIR), cujas imagens cobrem uma área de 60 x 60 km; além do *Végétation*-2, que tem as mesmas especificações do anterior.

A órbita dos satélites Spot, da mesma forma que a dos demais satélites de recursos terrestres, é circular, heliossíncrona e quase polar. A altitude dos satélites Spot é de 830 km e o seu horário aproximado de passagem sobre a superfície terrestre é às 10h30.

Satélite Spot-4

obtidas dessa plataforma. A atual política de distribuição de dados permitirá que também ocorra a livre distribuição de dados dos próximos satélites sino-brasileiros para inúmeros países. A principal diferença desse satélite, em relação aos dois primeiros, foi a substituição do imageador IRMSS por uma Câmera Pancromática de Alta Resolução (HRC – *High Resolution Camera*), de 2,7 m. Houve outras melhorias, como um novo sistema de gravação a bordo e um sistema avançado de posicionamento, que inclui GPS (*Global Positioning System*) e sensor de estrelas. A integração e os testes do satélite foram feitos no LIT (Laboratório de Integração e Testes), do Inpe, em São José dos Campos. As imagens CBERS podem ser obtidas gratuitamente no endereço <http://www.cbers.inpe.br>. Um vídeo educacional, *Satélites e seus subsistemas*, está disponível em <http://www6.cptec.inpe.br/~grupoweb/Educacional/MACA_SSS>. A trajetória dos satélites brasileiros pode ser acompanhada pelo site <http://www.aeb.gov.br>.

Capítulo 2 - Programas Espaciais

Fig. 2.8 Imagem da Ilha de São Sebastião (a), obtida pela câmera CCD, a bordo do satélite CBERS-1, 3/5/2000. Podemos observar, em branco, as nuvens; em preto, as sombras das nuvens, as sombras do relevo e a água limpa e mais profunda; em verde, a água com material, próxima ao litoral; em verde-claro, as áreas urbanas (Caraguatatuba, Ilha Bela e São Sebastião); e, em vermelho, a vegetação da mata atlântica. Vista da planície de Caraguatatuba (b) com o relevo montanhoso da Ilha de São Sebastião ao fundo

Alos

O satélite Alos foi lançado pela agência espacial japonesa (Jaxa) no dia 24 de janeiro de 2006. Ele funcionou até 23 de abril de 2011 e, em 24 de maio de 2014, foi lançado o ALOS-2. Sua órbita circular e heliossíncrona está a uma altitude de 692 km. Este satélite passa sobre a mesma área da superfície terrestre a cada 46 dias. O IBGE é o distribuidor das imagens Alos para órgãos federais, instituições de pesquisa e demais usuários não comerciais do Brasil. O satélite Alos leva a bordo três sensores: um radar (Palsar) e dois ópticos, o Prism e o AVNIR-2.

O Palsar é um radar imageador que opera na banda L. A resolução espacial varia de 10 a 100 m e a largura da faixa, área coberta por imagem, varia de 20 a 350 km, ambas dependendo do modo de operação: Fino, ScanSar ou Polarimétrico (HH, HV, VV e VH).

O Prism (*Pancromatic Remote-Sensing Instrument for Stereo Mapping*) é um sensor pancromático com resolução espacial de 2,5 m, que possibilita obter dados digitais de elevação do terreno (topográficos). Este sistema tem três subsistemas, que permitem obter simultaneamente imagens com visada nadir (vertical), inclinada para frente e inclinada para trás (-1,5° a +1,5°). Este sistema de imageamento, chamado de Triplet, possibilita a aquisição de imagens estereoscópicas. A área coberta é de 70 km na visada vertical (nadir) e de 35 km na visada inclinada (modo triplet).

O AVNIR-2 (*Advanced Visible and Near Infrared Radiometer Type 2*) é um sensor multiespectral com três bandas do visível (0,42-0,50 µm, 0,52-0,60 µm e 0,61-0,69 µm) e uma do infravermelho (0,76-0,89 µm), tem uma resolução espacial de 10 m e cobre uma área de 70 km na visada vertical (nadir). Este sensor tem capacidade para aquisição de dados com visada lateral (inclinada) até +/- 44° (direita/esquerda).

Iniciação em Sensoriamento Remoto

Estação Espacial Internacional

A Estação Espacial Internacional, em inglês *International Space Station* (ISS), é o maior projeto espacial da humanidade. Em órbita da Terra a 407 km de altitude, a Estação pode ser vista a olho nu nas noites limpas. A finalidade desse grande laboratório, com peso de 455 toneladas, é realizar pesquisas em ambiente de microgravidade (gravidade dentro de um veículo espacial em órbita ao redor da Terra), nas áreas de Física, Química e Biologia, experimentos tecnológicos, além de pesquisas na área de observação da Terra e em ciências espaciais.

Esse megaprojeto já envolveu 16 países, entre eles o Brasil. Inicialmente, a participação do Brasil previa o desenvolvimento, por empresas nacionais, de equipamentos de suporte. Em contrapartida, o país poderia fazer experimentos na estação, os quais em 2006 foram conduzidos pelo astronauta Marcos Pontes, primeiro brasileiro a viajar para o espaço. A viagem do nosso astronauta fez parte da chamada Missão Centenário. Este nome é uma referência à comemoração do centenário do primeiro voo tripulado de uma aeronave, o 14 Bis de Santos Dumont, em 23 de outubro de 1906, na cidade de Paris. Atualmente, o Brasil não participa diretamente do desenvolvimento da ISS, mas recentemente a Agência Espacial Brasileira (AEB) mostrou interesse em negociar uma nova missão com experimentos nacionais.

Estação Espacial Internacional

Resourcesat-1 (IRS–P6)

O satélite IRS–P6 também tem órbita síncrona com o Sol, circular e quase polar. A altitude deste satélite é de 817 km e o seu horário de passagem sobre a superfície terrestre é aproximadamente às 10h30. Este satélite leva a bordo três sensores: LISS 3 (multiespectral), com resolução espacial de 23,5 m; AWIFS (multiespectral), com resolução espacial de 56 m; e o LISS 4 (mono e multiespectral), com resolução espacial de 5,8 m no nadir. A resolução temporal é de 24 dias para o LISS 3, cobrindo uma faixa de 142 km; 5 dias para o AWIFS, cobrindo uma faixa de 737 km; e inferior a 5 dias para o LISS 4 na visada de cerca de 26°, cobrindo uma faixa de 70 km (monoespectral) e 23,5 km (multiespectral).

Veículo Lançador de Satélite – VLS

Além do desenvolvimento de satélites, o programa espacial brasileiro tem por objetivo a construção de um foguete capaz de lançar esses satélites de uma base localizada em território brasileiro. Nesse programa, cabe ao Instituto de Aeronáutica e Espaço (IAE), vinculado ao Departamento de Ciência e Tecnologia Aeroespacial (DCTA), o desenvolvimento do Veículo Lançador de Satélites (VLS); ao Inpe, o desenvolvimento dos satélites e as estações de solo; ao Centro de Lançamento de Alcântara (CLA), as atividades referentes ao lançamento do VLS; ao Centro de Lançamento da Barreira do Inferno (CLBI), o acompanhamento do lançamento do VLS, com seus radares e meios de telemetria. Mais informação sobre o VLS encontra-se no site do IAE (http://www.iae.cta.br/).

CBERS

CBERS 1 e 2

A câmera CCD, de alta resolução espacial (20 m), coleta dados da mesma área a cada 26 dias, em cinco canais espectrais: três na região do visível (B1: 0,45 a 0,52 µm, região do azul; B2: 0,52 a 0,59 µm, região do verde; e B3: 0,63 a 0,69 µm, região do vermelho), um no infravermelho próximo (B4: 0,77 a 0,89 µm) e um pancromático (B5: 0,51 a 0,73 µm, na região do visível e infravermelho próximo). Cada imagem cobre uma área de 113 por 113 km.

O IRMSS coleta dados de uma mesma área a cada 26 dias, em quatro canais espectrais: um pancromático (B6: 0,50 a 1,10 µm, região do visível e infravermelho próximo), dois infravermelhos, um médio (B7: 1,55 a 1,75 µm; e B8: 2,08 a 2,35 µm), com uma resolução espacial de 80 m, e um canal termal (B9: 10,40 a 12,50 µm), com uma resolução espacial de 160 m. Cada cena cobre uma área de 120 por 120 km.

O WFI coleta dados da mesma área a cada 5 dias, em dois canais espectrais: um visível (B10: 0,63 a 0,69 µm, na região do vermelho) e um infravermelho próximo (B11), com uma resolução espacial de 260 m. Cada imagem cobre uma área de 890 por 890 km.

CBERS-2B

Além da câmera CCD e do WFI, este satélite é equipado com uma Câmera Pancromática de Alta Resolução (HRC). Essa câmera opera com uma resolução espacial nominal de 2,7 m, em uma única faixa espectral, que cobre o visível e parte do infravermelho próximo. Sua resolução temporal é de 130 dias, pois, ao produzir imagens de uma faixa de 27 km de largura, leva cinco vezes mais tempo para cobrir a mesma faixa da CCD (113 km), que leva 26 dias.

CBERS-3 e 4

Os satélites CBERS-3 e CBERS-4 foram projetados para levar a bordo os mesmos instrumentos. Uma falha ocorrida com o foguete chinês Longa Marcha impediu a colocação em órbita do CBERS-3, em dezembro de 2013. Consequentemente, o lançamento do CBERS-4, inicialmente programado para dezembro de 2015, foi antecipado para o dia 7 de dezembro de 2014. Os quatro sensores de obtenção de imagens a bordo do CBERS-4 são: PAN - Câmera pancromática/multiespectral de alta resolução espacial (5 m, banda pancromática: 0,51 a 0,85 µm e 10 m, bandas multiespectrais: 0,52 a 0,59 µm, verde; 0,63 a 0,69 µm, vermelho; e 0,77 a 0,89 µm, infravermelho próximo), com resolução temporal de 5 dias e cobertura de uma área de 60 x 60 km; MUX - Muxcam, câmera multiespectral (bandas: 0,45 a 0,52 µm, azul; 0,52 a 0,59 µm, verde; 0,63 a 0,69 µm, vermelho; e 0,77 a 0,89 µm, infravermelho próximo), resolução espacial de 20 m, resolução temporal de 26 dias e uma área de cobertura de 120 x 120 km; IRMSS, com resolução espacial de 40 m (termal 80 m), bandas pancromática (0,50 a 0,90 µm) e espectrais (iguais a do IRS do CBERS-1 e 2), resolução temporal de 26 dias e também com cobertura de uma área de 120 x 120 km; e WFI, com as mesmas bandas espectrais da MUX, resolução espacial de 64 m, resolução temporal de 5 dias e cobertura de 866 x 866 km.

CBERS-4A

Em maio de 2015, Brasil e China assinaram um protocolo de intenções para desenvolver e lançar o CBERS-4A, a fim de garantir o fornecimento contínuo de imagens aos dois países e a outras nações. Este sexto Satélite Sino-Brasileiro de Recursos Terrestres deverá ser lançado em 2018, na China.

Orientações para aquisição de imagens desse e de outros satélites estão disponíveis no site da editora (http://www.ofitexto.com.br) na página do livro.

Capítulo 3
DA IMAGEM AO MAPA

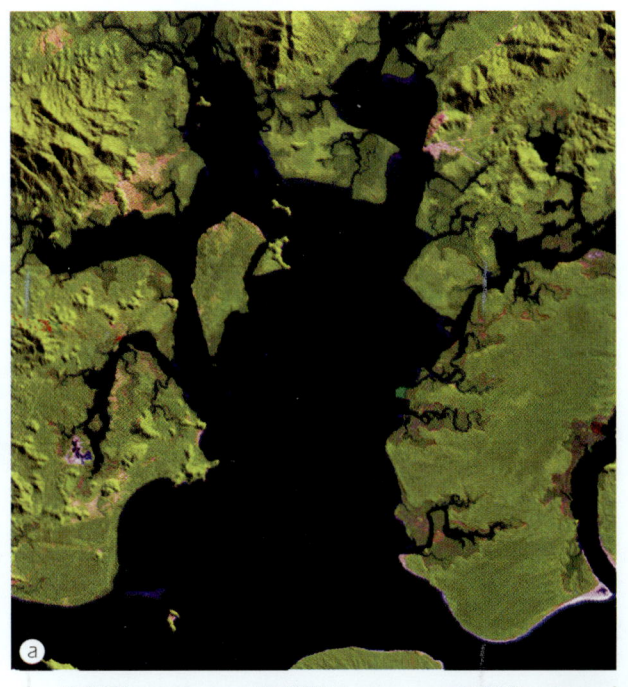

As imagens de sensores remotos, como fonte de dados da superfície terrestre, são cada vez mais utilizadas para a elaboração de diferentes tipos de mapas. Um exemplo de mapa elaborado a partir da interpretação de uma imagem de satélite é mostrado na Fig. 3.1. Nesse exemplo, os dados contidos na imagem foram transformados em informação e apresentados em forma de mapa. Enquanto os mapas contêm informação, as imagens obtidas de sensores remotos contêm dados, que se tornam informação somente depois de interpretados. O processo de interpretação de imagens será abordado no próximo capítulo.

Enquanto as imagens de satélites e as fotografias aéreas são retratos da superfície terrestre, os mapas são representações, em

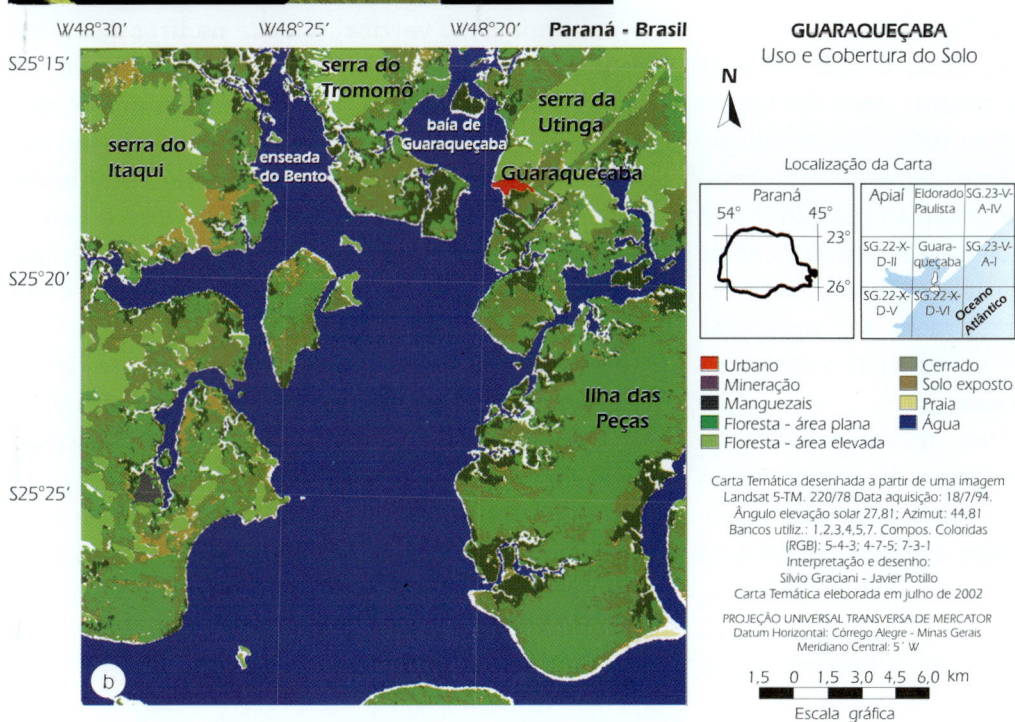

Fig. 3.1 Imagem TMLandsat-5, 5/4/1997 (a), e mapa gerado a partir da interpretação da imagem (b)

41

uma superfície plana, do todo ou de uma parte da superfície terrestre, de forma parcial e por meio de símbolos. A realidade é representada nos mapas de forma reduzida e selecionada. Nessas imagens, o ambiente está representado em todos os seus aspectos: geologia, relevo, solo, água, vegetação e uso da terra. Nos mapas, esses aspectos estão em geral representados separadamente (por exemplo, em mapa de solos, mapa de vegetação etc.).

A principal finalidade dos mapas é representar e localizar áreas, objetos e fenômenos. Eles facilitam a orientação no espaço e aumentam nosso conhecimento sobre ele. O mapa é uma das formas mais antigas de comunicação entre os homens. Inicialmente, eram elaborados manualmente, e a partir de observações feitas no terreno. Com o tempo, o conhecimento sobre a Terra foi aumentando, graças às imagens de sensores remotos. A maneira de representar a Terra também foi aperfeiçoada. Com o desenvolvimento tecnológico, principalmente da informática, surge a cartografia digital e a elaboração de mapas passa a ser uma tarefa cada vez mais automatizada. A cartografia pode ser definida como a ciência, arte e tecnologia de fazer mapas.

Alguns sensores a bordo de satélites de sensoriamento remoto coletam dados da superfície terrestre de forma sistemática e repetitiva. O Landsat-8, por exemplo, passa a cada 16 dias sobre uma mesma área, o que permite obter imagens de uma mesma área da superfície terrestre segundo um intervalo (resolução temporal) conhecido. Esse aspecto multitemporal das imagens de satélites possibilita o monitoramento dos ambientes e a atualização de material cartográfico (cartas e mapas). Portanto, as imagens de satélites podem ser utilizadas tanto na elaboração de novos mapas como na atualização daqueles já existentes.

Na elaboração de um mapa, é utilizado um dos sistemas de projeção cartográfica existentes: plana (ou azimutal), cilíndrica, cônica ou poliédrica. Esses sistemas permitem fazer uma representação aproximada da superfície da Terra (um geoide irregular), uma vez que não é possível passar de uma superfície curva para uma plana sem ter deformações. Quanto ao grau de deformação das superfícies representadas, as projeções podem ser classificadas em conformes ou isogonais (mantêm os ângulos ou as formas de pequenas feições), equivalentes ou isométricas (preservam as áreas) e equidistantes (preservam a proporção entre as distâncias). A projeção UTM (Universal Transverse Mercator), utilizada na elaboração de cartas topográficas sistemáticas (1:250.000, 1:100.000, 1:50.000) no Brasil, é conforme, e a superfície de projeção é um cilindro transverso. Nesta projeção a Terra é dividida em 60 fusos de 6° de longitude. Uma Terra elipsoidal é utilizada na projeção UTM, sendo que o elipsoide de referência varia para cada região da superfície terrestre.

Antes de interpretar uma imagem, é preciso entender alguns conceitos básicos e comuns às imagens obtidas de sensores remotos e à cartografia. Como ocorre quando aprendemos a utilizar mapas, a interpretação ou uso de imagens requer inicialmente a definição dos seguintes conceitos básicos: visão vertical, visão oblíqua, imagens em 3D e estereoscopia, escala e legenda.

Assim como as fotografias e as imagens, os mapas, geralmente originados delas, são representações de espaços "vistos de cima", de longas distâncias. As imagens registradas por sensores, a bordo de aeronaves ou satélites, são obtidas em uma visão vertical (visada nadir) ou oblíqua (visada lateral, com determinado ângulo de inclinação). Por isso, inicialmente, no processo de interpretação de imagens, deve ser desenvolvida a habilidade ou percepção de reconhecer objetos vistos de cima, uma vez que a forma de um objeto observado de uma perspectiva vertical é diferente em relação à perspectiva horizontal.

Quando estamos no chão, com o olhar no mesmo nível de um objeto ou lugar, nossa visão é horizontal ou lateral, como mostrado na Fig. 3.2a. A **visão vertical** (Fig. 3.2b) é aquela que temos de um objeto ou lugar visto do alto, de cima para baixo. A **visão oblíqua** (Fig. 3.2c) é aquela que temos de um objeto ou lugar visto de cima e um pouco de lado, como, por exemplo, da janela de um edifício ou avião.

CAPÍTULO 3 - Da Imagem ao Mapa

da paisagem. A estereoscopia refere-se ao uso da visão binocular na observação de um par de fotografias ou imagens desse tipo. Ela é um recurso que proporciona, mantendo a perspectiva vertical, uma visão de imagens ou fotografias em 3D. O estereoscópio (Fig. 3.3) é o equipamento utilizado para observarmos pares estereoscópicos de fotos e imagens em 3D. Hoje existem novos recursos tecnológicos (*hardware*, *software* e óculos especiais) que permitem visualizar imagens digitais (pares estereoscópicos) em 3D na tela do computador.

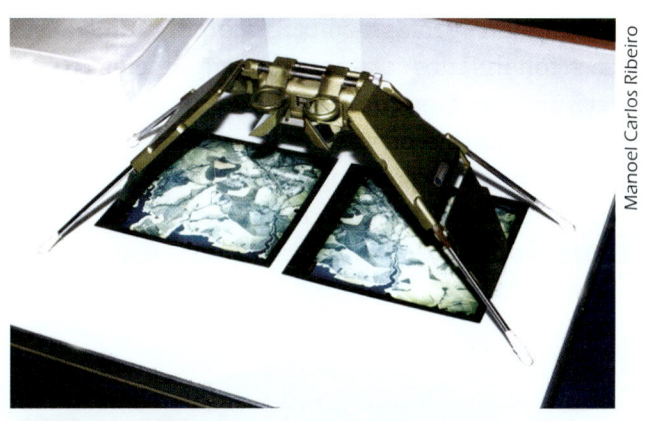

Fig. 3.3 Exemplo de um estereoscópio

Fig. 3.2 Exemplos de visão horizontal (a), vertical (b) e oblíqua (c)

3.1 Imagens em 3D e Estereoscopia

Uma imagem tridimensional ou em três dimensões (3D) é aquela que permite perceber que cada objeto tem altura, comprimento e largura. Ela proporciona a sensação de volume e profundidade. Toda pessoa que possui visão normal tem visão binocular, o que significa que ela enxerga a realidade como ela é, ou seja, em 3D. Imagens ou fotografias aéreas da mesma área, porém, obtidas de uma posição diferente, permitem uma visão tridimensional

Antigamente, o recurso da estereoscopia era disponível somente com pares de fotografias aéreas (tomadas com uma superposição lateral de 60%). A partir do HRV (Spot) e posteriormente de vários outros sensores ópticos como, por exemplo, o Aster (Terra), dispõe-se desse recurso também com as imagens de satélites. Em fotografias ou imagens sem o recurso da estereoscopia, assim como nos mapas, a realidade tridimensional é representada de forma bidimensional, ou seja, apenas em duas dimensões (comprimento e largura).

Esses novos sensores permitem obter dados digitais de altitude (Modelos Digitais de Elevação - MDE). A partir desses modelos podemos, utilizando um SIG, gerar outras variáveis: declividade, orientação de vertentes etc. Exemplos de MDE são apresentados na Fig. 3.4. Como podemos observar nesta figura, o MDE pode ser representado em níveis de cinza (Fig. 3.4a); quanto mais claro (branco), maior é a altitude, e quanto mais escuro (preto), menor é a altitude do relevo.

Iniciação em Sensoriamento Remoto

O MDE pode ser representado também pelo chamado relevo sombreado (Figs. 3.4b e 3.4d), que possibilita visualizar melhor a drenagem e o relevo em 3D. Na geração do relevo sombreado, usando recurso de SIG, é simulado um modelo de iluminação. Neste procedimento são definidos os ângulos de elevação e azimute da fonte de luz artificial, além do exagero vertical. Na definição desses parâmetros pelo intérprete, devem ser considerados o objetivo e as características (amplitude altimétrica e orientação do relevo e das estruturas geológicas) da área de estudo. As imagens resultantes dessa técnica são representadas em níveis de cinza: as áreas iluminadas em tonalidades claras, as sombreadas ficam escuras e as área planas em cinza intermediário.

Uma imagem em 3D pode ser gerada, ainda, integrando (superpondo), com o uso de SIG, uma imagem multiespectral bidimensional com um MDE, como exemplificado na Fig. 3.4c. Desse modo, é possível reunir em um único produto dados espectrais e topográficos.

Atualmente, dados digitais de altitude (dados topográficos) são obtidos também por meio de sensores ativos (ver seção 1.4, Cap. 1), como os de raio laser (Lidar) e de radar. Um exemplo deste último (em nível orbital) é o sensor instalado a bordo do ônibus espacial Endeavour, da missão SRTM (*Shuttle Radar Topographic Mission*). Os dados SRTM, com resolução de 90 m, estão disponíveis gratuitamente no site <http://seamless.usgs.gov>. Partindo da necessidade dos dados de altitude (topográficos) para várias aplicações (geologia, geografia, pedologia etc.) e da disponibilidade dos dados SRTM para a superfície terrestre (entre as latitudes 60°N e 58°S), foi criado pelo Inpe o projeto Topodata (http://www.dsr.inpe.br/topodata). O projeto Topodata é um banco de dados topográficos (originados daqueles do SRTM), de livre acesso pela internet, que cobrem todo o território

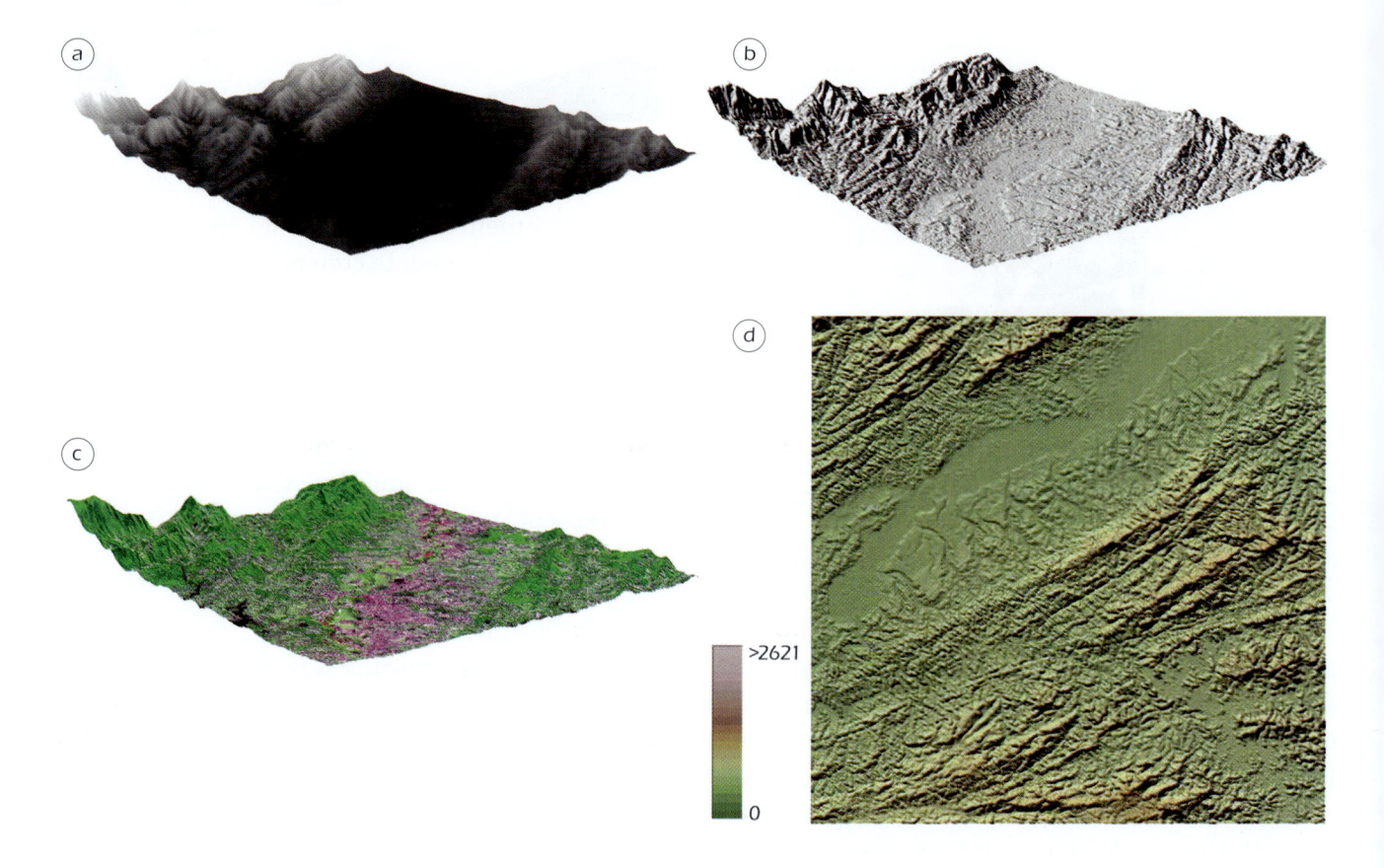

Fig. 3.4 MDE em níveis de cinza (a) – quanto mais claro, mais alto é o relevo (maior altitude); MDE em relevo sombreado (b); imagem multiespectral bidimensional + MDE (c); MDE em relevo sombreado colorido (d), são de São José dos Campos. As imagens (a), (b) e (c) foram geradas a partir de dados do sensor Aster (satélite Terra); a imagem (d) foi gerada pela Embrapa (Miranda, 2005) com dados do SRTM
Fonte: (a), (b) e (c) processadas por Flávio Fortes Camargo.

brasileiro. Este projeto está sendo estendido para a América Latina e África.

Merece destaque ainda o projeto realizado pela Embrapa (Embrapa Monitoramento por Satélite), o *Brasil em Relevo* (http://www.relevobr.cnpm.embrapa.br). Neste caso, também foram utilizados dados SRTM. Porém, no processamento e refinamento dos dados originais foram utilizados métodos e *softwares* diferentes. Além disso, os objetivos dos dois projetos são distintos. O da Embrapa visa um público mais amplo, que inclui professores e alunos do ensino básico. Por isso, foi gerado um produto colorido (relevo sombreado em cores falsas) numa base digital de fácil consulta (CD ou internet), compatível com a maioria dos *softwares* de navegação utilizados. As imagens do relevo realçado foram geradas em composições coloridas RGB (*Red*, *Green* e *Blue*), as cotas mais baixas do terreno apresentam-se em verde-escuro e as mais elevadas em tons de rosa (Fig. 3.4d). Os valores intermediários distribuem-se em tons de verde, amarelo, marrom e rosa, seguindo o aumento da elevação (altitude). Vale lembrar, no entanto, que os dados numéricos originais com resolução de 90 m e no formato Geotiff também estão disponíveis no site da Embrapa, mas seu uso requer *softwares* de geoprocessamento.

O projeto Topodata, que conta com a participação da própria Embrapa (Embrapa Informática Agropecuária), visa atender um público mais especializado e, além do MDE (refinado para resolução de 30 m) e de representações pictóricas não georreferenciadas (relevo sombreado etc.) no formato .BMP, oferece outros planos de informação (variáveis derivadas do MDE, como declividade, orientação, curvatura vertical etc.) em formato Idrisi 2.0 (.IMG/.DOC) e Geotiff (.TIF).

3.2 Escala

Escala é a razão ou proporção existente entre um objeto real ou área e a sua representação em uma fotografia, imagem ou mapa. Portanto, a escala indica quantas vezes o tamanho real de um objeto ou área foi reduzido na sua representação em uma fotografia, imagem ou mapa de acordo com a fórmula:

$$\text{Escala} = \frac{\text{Representação}}{\text{Real}}$$

Na Fig. 3.5, por exemplo, a escala de 1:200.000 ou 1/200.000 (um por duzentos mil) quer dizer que 1 cm na imagem equivale a 200.000 cm no terreno, que é igual a 2.000 m ou, ainda, 2 km. Como podemos observar, à medida que a escala diminui (o denominador da razão aumenta), aumenta a área representada, porém diminui o nível de informação. Ao contrário, quando a escala aumenta (o número do denominador da razão diminui), a área representada também diminui, mas o nível de informação ou de detalhe aumenta. Assim, na imagem de escala menor (1:800.000), podemos ver toda a cidade de Corumbá, parte do Pantanal, bem como a região de fronteira Brasil-Bolívia. Na imagem de escala maior (1:200.000), observamos pouco além da área urbana de Corumbá, porém com mais detalhes. Nessa escala, por exemplo, é possível identificar a pista do aeroporto e o arruamento da cidade.

Conhecendo a escala de uma fotografia, imagem ou mapa, é possível calcular áreas e distâncias entre lugares. A escala pode ser indicada de forma numérica ou de forma gráfica, que tem a vantagem de manter a proporção quando se amplia ou se reduz uma figura ou um mapa. Para a escala numérica de 1:100.000, por exemplo, a escala gráfica correspondente é indicada da seguinte forma:

Escala 1:100.000

representação gráfica

Existe uma relação entre escala e resolução, embora sejam conceitualmente distintas. Em função de sua resolução espacial, existe uma escala ótima (ideal), que permite extrair toda a informação possível de uma determinada imagem. Assim, por exemplo, para imagens com uma resolução espacial de 30 m, como as do TM, da Fig. 3.5, a escala que permite extrair a maior quantidade de informação é aquela em torno de 1:100.000. Com escalas menores,

Iniciação em Sensoriamento Remoto

ocorre uma compressão dos dados e, com escalas maiores, uma degradação da imagem. Portanto, em ambos os casos estaremos perdendo informação. É claro que a escolha da escala da imagem depende também do objetivo do estudo. Muitas vezes, para o nível de informação necessário, uma escala menor que a ideal pode ser suficiente. As características da área e a sua extensão também são determinantes na escolha da escala de trabalho. Assim, por exemplo, para o monitoramento do desflorestamento da região amazônica brasileira, uma área de grande extensão, coberta por 229 imagens Landsat, a escala de 1:250.000 é utilizada com sucesso.

3.3 Distância dos Sensores à Superfície Terrestre

Os dados de sensoriamento remoto podem ser obtidos em diferentes níveis de altitude, isto é, a diferentes distâncias do sensor em relação à superfície observada. De acordo com a Fig. 3.6, temos três níveis de coleta de dados: **orbital** (sensores a bordo de satélites artificiais), **aéreo** (sensores a bordo de aviões) e de campo/laboratório.

O nível de altitude na obtenção de imagens por sensoriamento remoto influencia o tamanho da área observada, a resolução e a escala das imagens, conforme ilustram as Figs. 3.6 e 3.7. Assim, quanto maior for a altitude da plataforma que abriga o sensor, maior será sua distância em relação à superfície da Terra e maior será a dimensão da área observada, e vice-versa. Quanto maior a área observada, maior é a resolução temporal, ou seja,

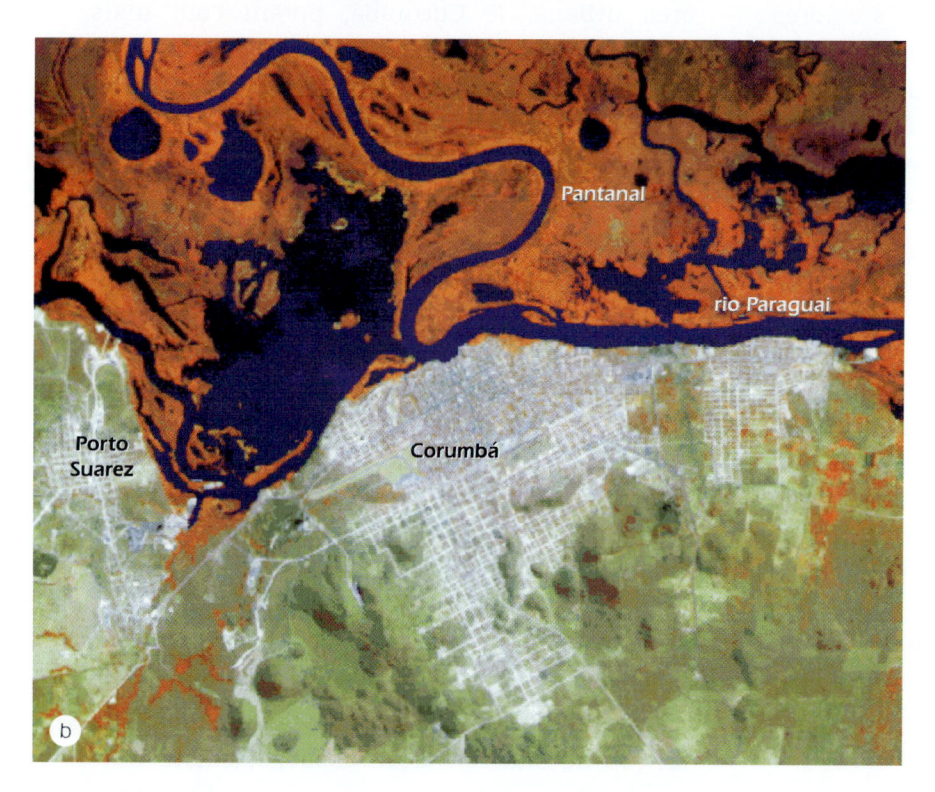

Fig. 3.5 Imagem TM-Landsat-5, 13/9/1997, da região de Corumbá, fronteira Brasil-Bolívia, na escala de 1:800.000 (a), na qual a área coberta é maior, e 1:200.000 (b), na qual a área coberta é menor, mas o nível de detalhe é maior. Nelas, aparece em vermelho a vegetação mais densa; em vermelho-escuro e roxo, as áreas alagadas do Pantanal; em verde e azul-claro, as superfícies expostas; em azul-claro, a área urbana; e, em preto e azul-escuro, os rios e lagos

CAPÍTULO 3 - Da Imagem ao Mapa

SIG – Sistema de Informações Geográficas

O SIG é a ferramenta computacional do Geoprocessamento, disciplina que utiliza técnicas matemáticas e computacionais para o tratamento da informação geográfica. Sensoriamento remoto, SIG e GPS integram o conjunto de tecnologias chamado de geotecnologia. O SIG é um sistema computacional (*software*) que permite armazenar (em forma de banco de dados), processar, integrar, analisar, calcular áreas, visualizar e representar (em forma de mapas) informações georreferenciadas. Isso significa que as informações têm uma localização geográfica definida por um sistema de coordenadas. Por meio do processo conhecido como georreferenciamento, as informações são ajustadas a uma base cartográfica com seu sistema de coordenadas. Essas informações podem ser de diferentes tipos (do espaço físico, como solos, relevo, vegetação etc., e de fenômenos, como os climáticos, ambientais, sociais, econômicos etc.), escalas e origens (fontes); por exemplo, as obtidas de dados de sensoriamento remoto e GPS, cartográficos, cadastro urbano e censitários, entre outras.

No SIG, cada tipo de informação é armazenado em uma camada, chamada de plano de informação (PI), em uma base de dados comum. Os dados podem ser armazenados e representados no formato vetorial (pontos, linhas e polígonos) e matricial (grades e imagens), com seus respectivos atributos (dados alfanuméricos, tabelas). À medida que informações temáticas são integradas com o uso de SIG, geram-se novas informações ou mapas derivados das originais, bem como a análise espacial e a modelagem dos ambientes que possibilita projetar cenários futuros. Um exemplo simples e bem conhecido de SIG é o do programa Google Earth, que permite superpor vários planos de informação (mapas, malha viária e toponímia, além de calculo de distâncias etc.) ao mosaico de imagens de satélite do globo terrestre e, como outros existentes, pode ser acessado via internet.

Entre os *softwares* de SIG existentes (ArcView, Idrisi, Mapinfo etc.) destacamos o TerraView (www.dpi.inpe.br/terraview) e o Spring (Sistema de Processamento de Informações Georefe-

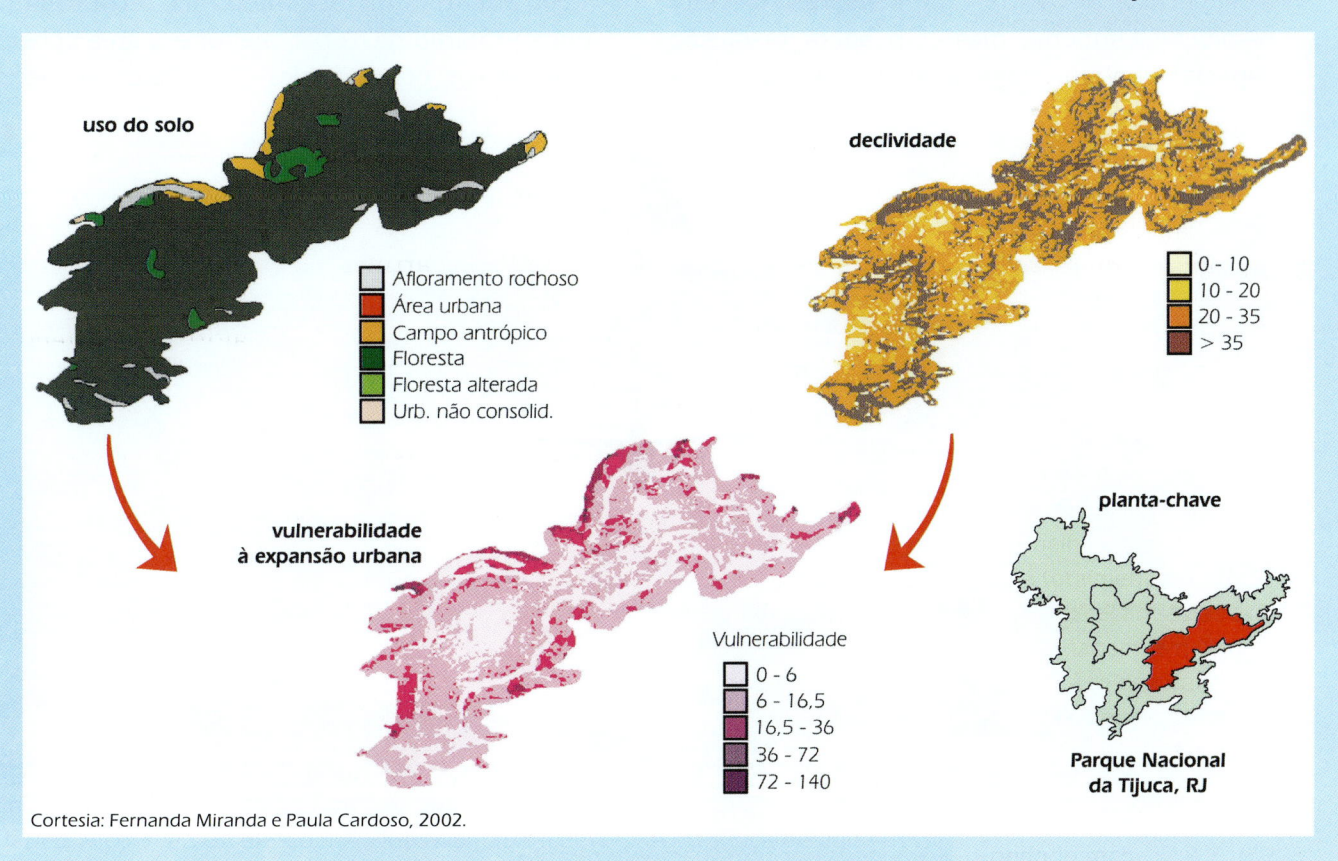

Cortesia: Fernanda Miranda e Paula Cardoso, 2002.

Iniciação em Sensoriamento Remoto

renciadas). Ambos são programas livres e desenvolvidos pelo Inpe. O TerraView é um fácil visualizador de dados geográficos com recursos de consulta e análise. O Spring (Câmara et al., 1997) é um programa que inclui, além de SIG, funções de processamento de imagens digitais. Portanto, esse sistema possibilita o tratamento de imagens de sensoriamento remoto (ópticas e micro-ondas), mapas temáticos (exemplo de relevo, solo, vegetação etc.), mapas cadastrais (políticos, propriedades etc.), redes (drenagem, sistema viário, de luz, telefone etc.) e modelos numéricos de terreno (p.ex., MDE). Este programa pode ser obtido, sem custo, no endereço <http://www.dpi.inpe.br/spring>.

O SIG tem uma grande utilidade na geração de informações espaciais para diferentes estudos e no planejamento de cidades, regiões, países e de diferentes tipos de atividades e de serviços oferecidos por empresas ou órgãos governamentais (traçado de redes de água e telefone, localização de escolas e hospitais etc.).

Assim, por exemplo, um SIG vinculado a um banco de dados de uma cidade permite consultar as informações referentes a cada tema ou mapa específico (malha viária, rede de drenagem, áreas de proteção ambiental, parques etc.), bem como integrar temas e gerar um mapa síntese que represente várias informações.

Na figura, é mostrado um exemplo do uso do SIG do programa Spring. Nesse exemplo, verificamos que, a partir da integração de dois tipos de planos de informação, inclinação do relevo (obtida de uma carta topográfica) e uso e cobertura vegetal da Terra (obtida de uma imagem de satélite), é gerada uma nova informação, ou seja, uma carta que indica as áreas vulneráveis à expansão urbana. Pelo exemplo, verificamos que as áreas críticas à expansão urbana caracterizam-se por relevo de baixa inclinação e próximas a áreas já ocupadas, enquanto as áreas de relevo com grande inclinação e cobertas por vegetação de mata natural não são ocupadas, mas preservadas.

aumenta a frequência de imageamento sobre a superfície terrestre. Os sensores de alta resolução temporal, mas com baixa resolução espacial, captam imagens de extensas áreas da superfície terrestre, desde faixas com cerca de 1.000 km até uma face inteira da Terra. Quanto mais próximo da Terra, menor é a área coberta pelo sensor, porém maior é a resolução espacial

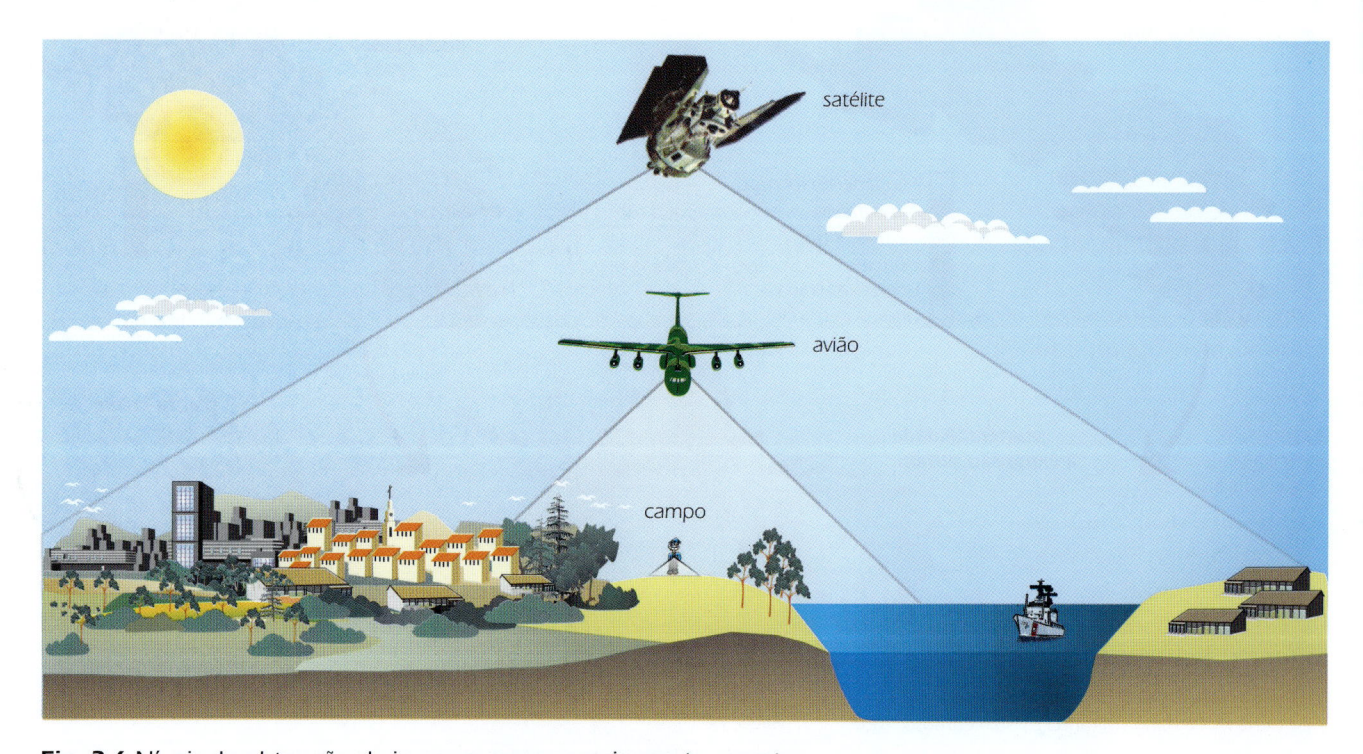

Fig. 3.6 *Níveis de obtenção de imagens por sensoriamento remoto*

Capítulo 3 - Da Imagem ao Mapa

Fig. 3.7 Imagem de uma face da Terra, obtida do satélite meteorológico Goes (a); imagem do Rio de Janeiro, obtida pelo TM-Landsat-5, 8/7/1998 (b); fotografia aérea colorida natural de Ipanema, obtida de aeronave (c); fotografia da praia de Ipanema, obtida próximo a superfície (d)

e a escala e, consequentemente, maior é a riqueza de detalhes que pode ser obtida da interpretação da imagem. Normalmente, os sensores de alta resolução espacial captam imagens de faixas estreitas da superfície terrestre, entre 10 e 20 km. Vale lembrar que o avanço tecnológico dos novos sensores permite obter, mesmo a grandes distâncias, imagens de alta resolução espacial, como aquelas obtidas a partir do satélite QuickBird, a uma altitude de 450 km. O uso de visada lateral (inclinada) na aquisição de imagens permite ampliar também a resolução temporal e a área imageada.

No nível orbital, a partir do satélite Goes, por exemplo, a 36.000 km de altitude, é possível representar em uma única imagem uma face da Terra, fornecendo dados em nível de continente, como podemos observar na Fig. 3.7a. De imagens obtidas por sensores instalados em satélite do tipo Landsat-5, que está a uma altitude de 705 km, é possível obter informações de nível regional (cada imagem cobre uma área de 185 x 185 km, isto é, 34.225 km^2) (Fig. 3.7b). Fotografias aéreas (nível aéreo) obtidas por sensores instalados em aviões (entre 1.000 e 10.000 m de altitude) (Fig. 3.7c), fornecem dados em nível municipal e de bairro. Fotografias, ou outros tipos de dados espectrais, obtidas no terreno (nível de campo) ou próximo a ele fornecem dados pontuais ou locais (Fig. 3.7d). Dessa forma, com as imagens obtidas por sensoriamento remoto podemos estudar desde o ponto de vista local até o global, de maneira a integrar os diferentes contextos.

Iniciação em Sensoriamento Remoto

3.4 Legenda

A legenda explica o significado dos símbolos e das cores de um mapa. Os símbolos são elementos gráficos utilizados para representar de forma simplificada objetos, pessoas, ambientes e fenômenos. Todo mapa vem acompanhado de uma legenda, ou seja, de uma explicação. Quando interpretamos uma imagem, elaboramos uma legenda para indicar o resultado da interpretação, o qual pode ser apresentado em forma de um mapa, como vimos no exemplo da Fig. 3.1. Entretanto, a própria imagem pode ser transformada em uma carta (carta-imagem), se corrigida (georreferenciada) e acrescida de informações cartográficas (toponímia, escala, legenda etc.). Um exemplo de legenda gerada com padrões da própria imagem é a do mosaico da região do vale do Paraíba e litoral norte do Estado de São Paulo (Fig. 3.8). Esse mosaico foi elaborado com duas imagens TM-Landsat-5.

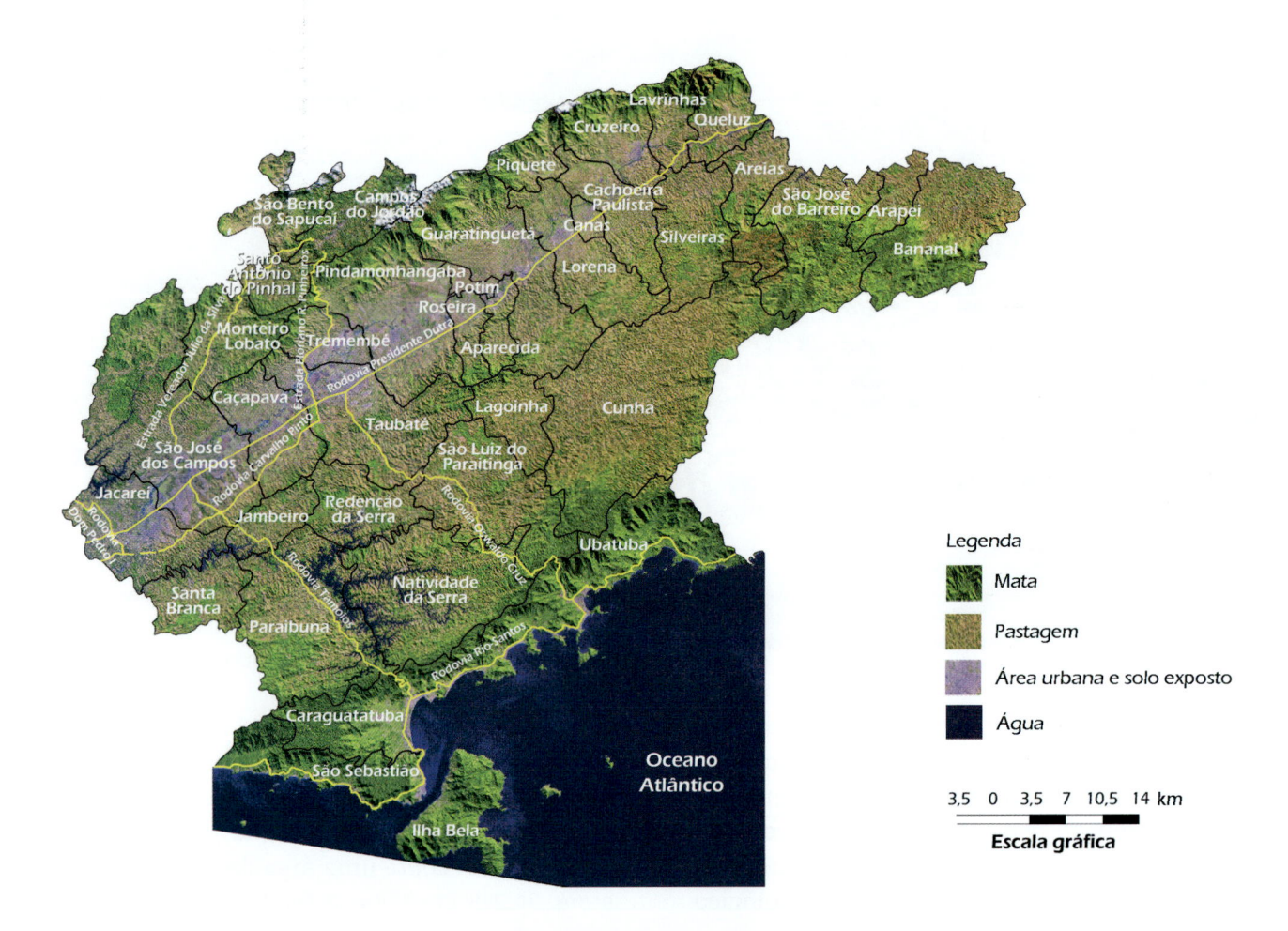

Fig. 3.8 Mosaico de duas imagens TM-Landsat-5 (composição colorida com as bandas 3, 4 e 5, associadas às cores azul, verde e vermelho, respectivamente) do vale do Paraíba e litoral norte do Estado de São Paulo, obtidas em 26/7/1997 e 20/8/1997. Nesta figura temos um exemplo de legenda elaborada a partir da interpretação das imagens que formam o mosaico. Pela análise do mosaico podemos observar a influência do relevo na ocupação da região. Graças ao relevo íngreme da serra da Mantiqueira e escarpa da serra do Mar, nelas se concentram os remanescentes da mata atlântica; nos morros, dominam a pastagem, principalmente, e o reflorestamento; nos terraços do rio Paraíba do Sul e nas colinas suaves, mais adequadas à ocupação urbana, concentram-se as cidades, muitas já conurbadas e cuja expansão foi favorecida, inicialmente pela construção da rodovia Presidente Dutra e, mais recentemente, pelas rodovias Ayrton Senna e Carvalho Pinto; a planície do Paraíba, que já teve o domínio das culturas agrícolas, atualmente possui também muitas pastagens e extração de areia
Cortesia: Romeu Simi Jr.

Capítulo 4
INTERPRETAÇÃO DE IMAGENS

Podemos considerar as imagens obtidas por sensores remotos como dados que, para serem transformados em informação, necessitam ser analisados e interpretados. Vamos inicialmente definir o que é interpretação de imagens.

4.1 Interpretação de Imagens

Interpretar fotografias ou imagens é identificar objetos nelas representados e dar um significado a esses objetos. Assim, quando identificamos e traçamos rios e estradas, ou delimitamos uma represa, a área ou mancha urbana correspondente a uma cidade, uma área de cultivos etc., a partir da análise de uma imagem ou fotografia, estamos fazendo a sua interpretação. Quanto maior a resolução, e mais adequada a escala, mais direta e fácil é a identificação dos objetos em uma imagem.

Quanto maior a experiência do intérprete e o seu conhecimento, tanto temático como de sensoriamento remoto e sobre a área geográfica representada em uma imagem, maior é o potencial de informação que ele pode extrair da imagem. O conhecimento sobre o objeto (ou tema) de estudo (relevo, vegetação, área urbana etc.) é fundamental. Isso significa, por exemplo, que um engenheiro florestal pode tirar mais informação sobre vegetação, a partir de imagens de satélite, do que um intérprete que não tenha esse tipo de formação.

Com relação ao sensoriamento remoto, é importante conhecer seus principais fundamentos e conceitos: tipo de satélite (órbita, altitude, horário etc.), características do sensor (resolução, faixa espectral em que funciona, ângulo de visada etc.), interação da energia eletromagnética com os objetos e fatores que interferem nessa interação (época do ano, horário, atmosfera, umidade etc.). Cabe salientar que a interação da radiação eletromagnética com os objetos no espectro óptico (visível e infravermelho) depende principalmente das propriedades físico-químicas dos objetos, ao passo que na região de micro-ondas depende das propriedades dielétricas e geométricas dos objetos.

O conhecimento prévio da área geográfica facilita o processo de interpretação e aumenta o potencial de leitura de uma imagem. Um exemplo que mostra a importância do conhecimento da área de estudo na interpretação de dados de sensoriamento remoto são os mapas elaborados por populações tradicionais, com imagens de satélites, como os dos seringueiros do Estado do Acre (Alexandre et al., 1998). Isso é possível porque, embora geralmente tenham pouca ou nenhuma escolaridade, essas populações têm um grande conhecimento de campo; em outras palavras, conhecem a área em que vivem como "a palma da mão". Assim, a partir de um ponto de referência, que é um lugar conhecido e identificado com facilidade na imagem, os demais elementos do ambiente também são identificados ou reconhecidos.

Dessa maneira, para os inexperientes em interpretação de imagens, recomendamos iniciar por uma imagem de área conhecida. Levantar em livros, mapas e no campo informações sobre a área de estudo também facilita a interpretação de imagens. O **trabalho de campo** é praticamente indispensável no estudo e mapeamento de ambientes com o uso de imagens de sensores remotos. Ele faz parte do processo de interpretação de imagens. Por meio dele, o resultado da interpretação torna-se mais confiável.

Existem objetos mais facilmente visíveis em uma imagem, em geral, relevo, drenagem, água, cobertura vegetal e uso da terra. No processo de interpretação de imagens é estabelecida uma relação entre o que é visível e o que não é diretamente visível em uma imagem. Com base na análise da drenagem, de feições e formas de relevo, destacadas nas imagens, são interpretados a geologia, os solos e os processos relacionados.

Na maioria das vezes, o resultado da interpretação de uma imagem obtida por sensor remoto é apresentado em forma de um mapa. Muitas vezes, a própria imagem é utilizada como um mapa (uma base), na qual assinalamos limites, estradas, drenagem e o nome dos objetos identificados. Esse procedimento é muito comum quando os dados são utilizados em formato digital e analisados diretamente na tela de um computador, com o uso de um *software* de processamento de imagens e de um SIG (Fig. 4.1a). Dessa maneira, a informação obtida pode ser armazenada no formato digital e o mapa gerado automaticamente, como mostrado na Fig. 4.1b.

No exemplo da Fig. 4.1, a delimitação dos objetos é feita por meio de um cursor. Com o uso de um SIG, os limites das classes são armazenados em um plano de informação e, posteriormente, o mapa é gerado. Quando a interpretação é feita na imagem impressa, geralmente fixa-se sobre ela um papel transparente, como o vegetal, por exemplo, e os traços e contornos são feitos nesse papel (como mostrado na Fig. 4.2), e não diretamente na imagem.

Existem programas computacionais de segmentação e classificação de imagens digitais, por meio dos quais os mapas são gerados automaticamente desde a fase de interpretação da imagem. Mesmo nesses casos, sempre existe uma interação do homem com a máquina. Por isto, é preciso saber interpretar uma imagem, até mesmo para poder avaliar o resultado de uma classificação ou "interpretação automática". O processamento de imagens digitais é abordado no Cap. 5.

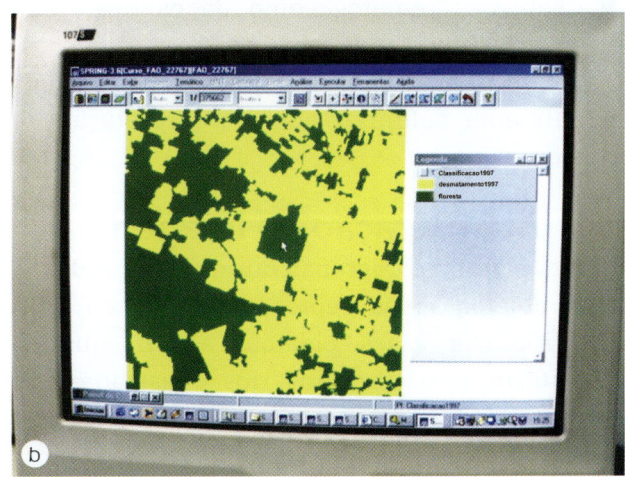

Fig. 4.1 Exemplo de interpretação de uma imagem digital TM-Landsat-5 na tela do computador (a) e o resultado dessa interpretação (b). Em (a), podemos observar as classes delimitadas em polígonos amarelos com a ajuda de um cursor. Em (b), o resultado da interpretação, com as classes de vegetação, em verde, e desmatamento, em amarelo, como indica a legenda

4.2 Elementos e Chaves de Interpretação de Imagens

As imagens obtidas por sensores remotos, qualquer que seja o seu processo de formação, registram a energia proveniente dos objetos da superfície observada. Independentemente da resolução e escala, as imagens apresentam os elementos básicos de análise e interpretação, a partir dos quais se extraem informações de objetos, áreas, ou fenômenos. Esses elementos (ou variáveis) são: **tonalidade/cor, textura, tamanho, forma, sombra, altura, padrão** e **localização**. Tanto a interpretação de uma radiografia

CAPÍTULO 4 - Interpretação de Imagens

Imagem HRV-Spot-1, 28/6/1987, MS

Fig. 4.2 Exemplo de interpretação de imagem impressa em papel fotográfico. Observe que o papel transparente foi preso (com uma fita adesiva) nas pontas somente na parte superior da imagem, o que permite levantar o papel e ter uma visão melhor da imagem. No exemplo, o intérprete traça os rios em azul, as estradas em vermelho e delimita a área urbana e as áreas de vegetação com lápis preto. Em seguida, essas áreas são pintadas de rosa (urbano), verde-escuro (cerrado, mata ciliar) e verde-claro (soja), de acordo com a legenda por ele definida

Fig. 4.3 Imagem de Ubatuba da banda 3 do ETM+- Landsat-7, 11/8/1999. Podemos observar que a área urbana, que reflete muita energia nesse canal, é representada com tonalidades claras, enquanto a água limpa e a mata verde e densa, que absorvem muita energia nesse canal, são representadas com tonalidades escuras

de raios X do corpo humano como a interpretação de uma imagem de satélite da superfície terrestre são baseadas nesses elementos; o que muda é o significado deles.

A **tonalidade** cinza é um elemento utilizado para interpretar fotografias ou imagens em preto e branco (Fig. 4.3). Nesse tipo de imagem, as variações da energia refletida ou emitida pela superfície fotografada ou imageada são representadas por diferentes tonalidades, ou tons de cinza, que variam do branco ao preto. Quanto mais luz ou energia um objeto refletir, mais a sua representação na fotografia ou imagem vai tender ao branco e, quanto menos energia refletir (absorver mais energia), mais a sua representação na fotografia ou imagem vai tender ao preto.

A **cor** é um elemento usado na interpretação de fotografias ou imagens coloridas, nas quais as variações da energia refletida ou emitida pela superfície fotografada ou imageada são representadas por diferentes cores (Fig. 4.4). Conforme destacado anteriormente, em uma imagem colorida, a cor do objeto vai depender da quantidade de energia que ele refletir ou emitir (no canal correspondente à imagem), da mistura entre as cores (processo aditivo), e da cor que for associada às imagens originais em preto-e-branco. Vale ressaltar que é mais fácil interpretar imagens coloridas do que em preto- -e-branco, porque o olho humano distingue cem vezes mais cores do que tons de cinza.

A **textura** refere-se ao aspecto liso (e uniforme) ou rugoso dos objetos em uma imagem. Ela contém informações quanto às variações (frequência de mudanças) de tons ou níveis de cinza/cor de uma imagem. A textura é um elemento muito importante na identificação de unidades de relevo: a textura lisa corresponde a áreas de relevo plano, enquanto a textura rugosa corresponde a áreas de relevo acidentado e dissecado pela drenagem, como pode ser observado na Fig. 4.5.

Com relação à cobertura vegetal, observa-se que uma área de mata, que é mais heterogênea, é representada em uma fotografia aérea, e

Fig. 4.4 Imagem colorida de Ubatuba, gerada a partir das imagens ETM+-Landsat-7, 11/8/1999, dos canais 3, 4 e 5, com as cores azul, vermelha e verde, respectivamente. A vegetação é representada pela cor vermelho-alaranjada, porque essa cor foi associada ao canal 4, em que a vegetação reflete muito mais energia do que nos demais canais utilizados nessa composição colorida

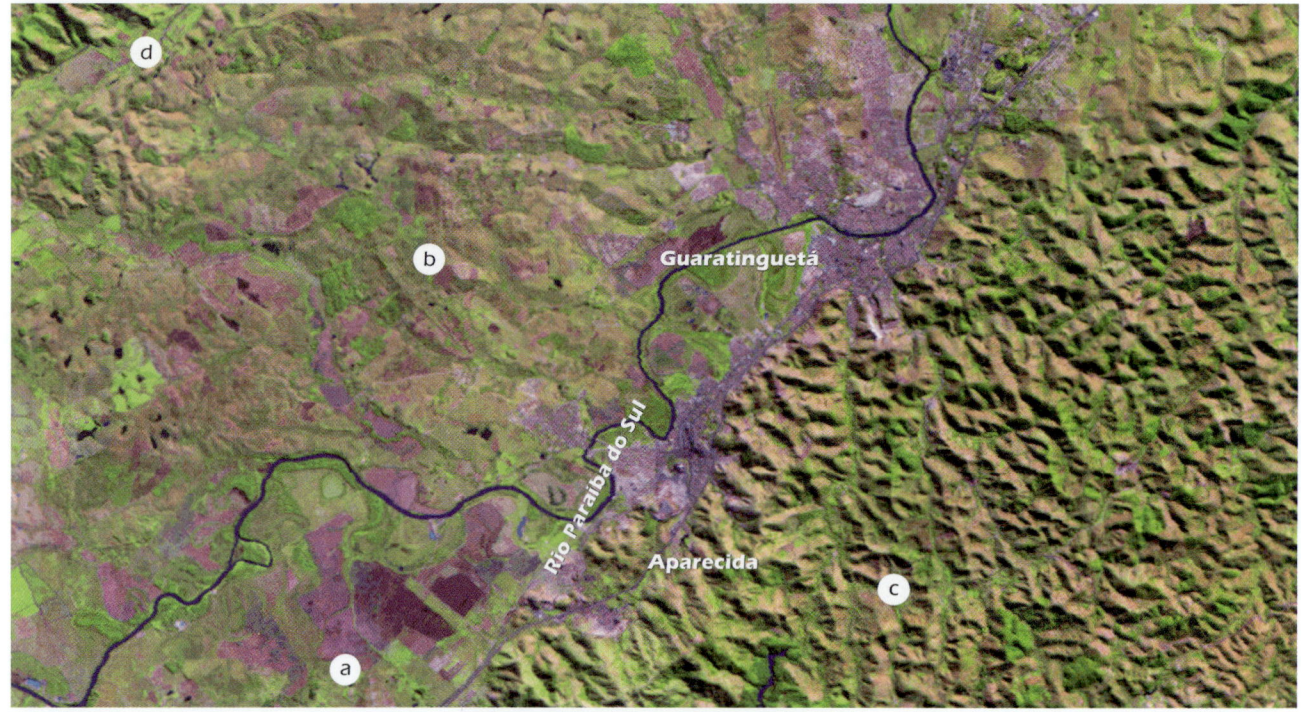

Fig. 4.5 Imagem TM-Landsat-5, 26/6/1997, região de Aparecida/Guaratinguetá (SP). Podemos identificar, pela textura lisa, uma área plana, correspondente à planície do rio Paraíba do Sul (a); pela textura média, uma área de relevo suave ondulado, correspondente às colinas terciárias (b); pela textura rugosa, uma área de relevo ondulado, correspondente aos morros cristalinos, também denominados mares de morros (c); e relevo montanhoso (d)
Fotos: Cláudio J. S. Souza.

até mesmo em imagens de satélites, por uma textura mais rugosa do que uma área de reflorestamento, que é mais homogênea ou uniforme, e esta é mais rugosa em relação a uma área de cultura, como pode ser observado na Fig. 4.6.

O **tamanho**, que é uma função da escala de uma fotografia ou imagem, e relativo aos objetos na imagem, também é um elemento importante na identificação de objetos. Assim, em função do tamanho, pode-se distinguir uma residência de uma indústria, uma área industrial de uma residencial, grandes avenidas de ruas de tráfego local, um sulco de erosão de uma voçoroca, uma agricultura de subsistência de uma agricultura comercial etc. (Fig. 4.7).

Fig. 4.6 Fotografia aérea infravermelha colorida na escala 1:20.000 do município de Tapera (RS), que representa diferentes tipos de cobertura vegetal e uso da terra. Podemos observar que o solo exposto, em verde, diferencia-se pela cor das áreas com cultivos de trigo, em vermelho, enquanto as áreas de mata e reflorestamento, ambas em vermelho, diferenciam-se das demais classes principalmente pela textura: a da mata é mais rugosa que a do reflorestamento, que, por sua vez, é mais rugosa do que a das culturas de trigo. No primeiro plano, solo exposto e, ao fundo, reflorestamento de eucalipto (a); cultura de trigo (b) Cortesia: Maurício A. Moreira.

Iniciação em Sensoriamento Remoto

Fig. 4.7 Imagem QuickBird do Maracanã, 14/5/2002, Rio de Janeiro. No complexo esportivo do Maracanã (Estádio Mário Filho), é possível distinguir, em função do tamanho, o estádio de futebol do ginásio coberto (Maracanãzinho) e suas piscinas. É possível também separar a avenida (av. Maracanã) das demais ruas circundantes, e os ônibus dos carros de passeio
Cortesia: Intersat.

A **forma** é um elemento de interpretação tão importante que alguns objetos, feições ou superfícies são identificados apenas com base nesse elemento. Assim, estradas e rios são facilmente identificados pela sua forma linear (e curvilínea), construções como casas e prédios de apartamentos costumam ter formas regulares e bem definidas (quadrados e retângulos), campos de futebol são retangulares, as áreas de cultivo caracterizam-se pela sua forma geométrica mais comumente retangular, ou em faixas, e as áreas de culturas irrigadas por sistemas de pivô central apresentam formas circulares (Fig. 4.8). Outro exemplo é a forma circular em espiral dos furacões, redemoinhos gigantes formados por ventos que giram em torno de um centro, um "olho" chamado vórtice (Fig. 4.9).

De modo geral, **formas irregulares** são indicadoras de objetos naturais (matas, lagos, feições de relevo, pântanos etc.), enquanto **formas regulares** indicam objetos artificiais ou culturais, construídos pelo homem (indústrias,

CAPÍTULO 4 - Interpretação de Imagens

Fig. 4.8 Imagem CBERS-1 CCD (432), 30/8/2000, de uma área agrícola em Barreiras, noroeste do Estado da Bahia. Podemos observar as formas geométricas retangulares dos talhões e as formas circulares das áreas de culturas irrigadas pelo sistema de pivô central. Nesta composição colorida, a cor vermelha representa as culturas, e a verde, o solo exposto ou preparado para o cultivo. As formas lineares que se destacam são canais de drenagem, e a cor vermelha representa a mata ciliar ao longo deles. A foto (a) representa uma área irrigada por pivô central, com cultura (círculos vermelhos na imagem). A foto (b) é a mesma área, com solo exposto, antes do plantio (círculos verdes na imagem)
Fotos: José Carlos Epiphânio.

aeroportos, áreas de reflorestamento, áreas agrícolas etc.), como pode ser observado nas imagens deste livro.

Como destacado anteriormente, é importante considerar que a forma de um objeto observado a partir de uma perspectiva vertical é diferente em relação à observação horizontal. Dessa maneira, as árvores de um pomar transformam-se, em fotografias de grande escala, em pequenos círculos, edifícios transformam-se em retângulos etc. Um vulcão não é visto como um cone, mas como um círculo menor (o cume do vulcão) dentro de um círculo maior (a base do vulcão) (Fig. 4.10).

A disponibilidade de fotografias ou imagens em 3D facilita o processo de interpretação,

Iniciação em Sensoriamento Remoto

Fig. 4.9 Imagem Goes, 10/9/2001, do furacão Erin, que pode ser e da densidade de ocupação do terreno, facilmente identificado pela sua forma circular do tipo "redemoinho"

permitindo obter informações sobre a altura dos objetos. Em imagens bidimensionais, a altura de objetos como árvores, edifícios, relevo etc. pode ser estimada pelo elemento **sombra** (Fig. 4.11). A partir da sombra, outros elementos, como a forma e o tamanho, também podem ser inferidos. A sombra representada em uma imagem, se por um lado ajuda a identificar objetos, como pontes, chaminés, postes, árvores, feições de relevo etc., por outro lado não permite visualizar os objetos por ela encobertos (Fig. 4.11).

O **padrão** pode ajudar na identificação de objetos, uma vez que ele se refere ao arranjo espacial ou à organização desses objetos em uma superfície. Em fotografias aéreas e em imagens de alta resolução espacial, podemos associar um padrão

Fig. 4.10 Imagem CBERS, 4/11/2000, do norte do Chile. Nela podemos identificar, pela forma circular, vários vulcões. A área em branco representa um salar, depósito de sal em antigo lago salgado

de linhas sucessivas a culturas plantadas em fileiras. Os padrões espaciais das unidades habitacionais e do arruamento de uma cidade podem ser indicadores do nível socioeconômico de seus habitantes. Assim, por exemplo, áreas residenciais de alto padrão caracterizam-se por unidades habitacionais grandes, baixa densidade dessas unidades e muita área verde, enquanto áreas ocupadas com favelas caracterizam-se pelo tamanho mínimo das unidades habitacionais, sem haver espaçamento entre elas, organização espacial ou a existência de estrutura viária, como é possível verificar na Fig. 4.12. Outro exemplo são as áreas ocupadas por clubes, que também se caracterizam por um padrão específico, formado por edificações,

Fig. 4.11 Imagem TM-Landsat-5, 25/6/1997, da região de Cruzeiro e Cachoeira Paulista, no vale do Paraíba (SP). As áreas de maior sombreamento, que indicam relevo mais alto, encontram-se na serra da Mantiqueira; as sombras intermediárias encontram-se nas áreas de morros, e as sombras menores, nas áreas de colinas. Nas áreas de relevo muito plano, como na planície do rio Paraíba do Sul, não há sombras. Por outro lado, não é possível identificar os tipos de cobertura ou uso da terra nas áreas com sombras, representadas em preto

Fig. 4.12 Imagem Ikonos-2, 13/10/2000, de um setor de São José dos Campos, na qual estão representados, por diferentes padrões de imagem, diferentes padrões de ocupação como, por exemplo, um bairro de classe média alta; um bairro popular; uma favela; e uma área, de formas geométricas definidas, utilizada para cultivos

quadras e piscinas em meio a uma grande área coberta por gramíneas e vegetação arbórea. Assim, em função do padrão diferentes classes residenciais podem ser distinguidas em fotografias e imagens.

Na Fig. 4.13, podemos observar mais um exemplo desse elemento de interpretação de imagem e identificar, pela forma, o relevo de domo e o padrão de drenagem (anelar).

A **localização geográfica** de um objeto pode ajudar muito na sua identificação em uma imagem. As áreas urbanas, por exemplo, podem ser identificadas por sua proximidade de rodovias, rios e litorais. O conhecimento sobre o tipo de clima, a geologia, o relevo, a vegetação e o tipo de ocupação de uma região é utilizado no processo de interpretação de uma imagem. Esse conhecimento evita confundir, por exemplo,

CAPÍTULO 4 - Interpretação de Imagens

Fig. 4.13 Imagem TM-Landsat-5, 4/5/1996, representando um relevo de domo localizado entre os municípios de Patrocínio e Guimarânia, no Estado de Minas Gerais. Pelo padrão (arranjo da drenagem e forma circular do relevo), podemos identificar o tipo de relevo na imagem

uma vegetação de cerrado, típica dos chapadões do Brasil central, com uma vegetação de caatinga, típica da região semiárida do Nordeste brasileiro.

Como salientado anteriormente, quanto maior é o conhecimento sobre a área de estudo, maior é a quantidade de informação que podemos obter a partir da interpretação de fotografias e imagens dessa área. A associação e comparação de alvos conhecidos no terreno (lagos, rios, cidades, áreas de reflorestamento, áreas de cultivos etc.) com a sua representação (correspondência) em uma imagem facilitam a identificação dos componentes da paisagem, familiarizando-nos com essa forma de representação do espaço.

A partir dos elementos de interpretação de imagens, podem ser elaboradas **chaves** (modelos) de interpretação. As chaves consistem na descrição de um conjunto de elementos de interpretação que caracterizam um determinado objeto. Elas sistematizam e orientam o processo de análise e interpretação de imagens. Utilizadas como guia, essas chaves ajudam o intérprete na identificação correta de objetos e feições representados em uma fotografia aérea ou imagem orbital de maneira consistente e organizada.

Devido à variedade de produtos de sensoriamento remoto e de objetos de interesse, é recomendável que cada intérprete desenvolva suas próprias chaves de interpretação. As chaves aplicam-se mais facilmente na identificação de objetos construídos (estradas, pontes, casas etc.), que têm formas e padrões mais regulares e conhecidos, do que de objetos ou feições naturais (formas de relevo ou tipos de vegetação), caracterizados por formas e padrões irregulares. Exemplos de chaves de interpretação são apresentados no Quadro 4.1.

Quadro 4.1 Exemplos de chaves de interpretação de objetos e feições representadas em imagens TM e ETM⁺ Landsat, 3(B), 4(G) e 5(R)

Objeto	Chave de interpretação
Área urbana	Cor magenta (rosa); textura ligeiramente rugosa; forma irregular; localização junto de rodovias
Solo exposto	Cor magenta (dependendo do tipo de solo, pode ser bem claro, tendendo ao branco); textura lisa; forma regular; localização junto de áreas urbanas (área terraplenada para loteamentos, instalação de indústrias, shopping center etc.) ou áreas agrícolas (preparadas para cultivo ou recém-colhidas)
Área desmatada	Cor magenta; textura lisa; forma regular
Área de reflorestamento	Cor magenta (solo preparado) e verde (reflorestamento adulto); textura lisa; forma regular; presença de carreadores; são comuns talhões grandes
Área de mata/capoeira	Cor verde-escuro; textura rugosa; forma irregular
Corpos d'água (rios, lagos, represas e oceano)	Cor azul (material em suspensão) ou preta (água limpa); textura lisa; forma irregular, linear retilínea ou curvilínea para rios
Área queimada	Cor preta; textura lisa; forma irregular, em geral
Morros com topos arredondados	A cor vai depender da cobertura e do uso da terra; textura rugosa; forma circular; sombreamento médio
Morros/serras com topos angulares	A cor vai depender da cobertura e do uso da terra; textura rugosa; forma linear; sombreamento acentuado
Escarpa	A cor vai depender da cobertura e do uso da terra no reverso da escarpa; na escarpa, em geral, com vegetação, a cor será verde ou preta, devido ao sombreamento acentuado. Ruptura ou quebra de relevo (∧)positiva e (∨)negativa

4.3 Seleção de Imagens de Satélite

O tipo de imagem (resolução, banda, composição colorida, data) deve ser selecionado considerando os objetivos e as características da área de estudo (clima, textura topográfica, cobertura e uso da terra). Como os ambientes da superfície terrestre são dinâmicos, a data da imagem é uma informação extremamente importante, pois a imagem é uma representação de uma parte da superfície da Terra no momento da passagem do satélite. A data indica, por exemplo, se é uma imagem antiga ou recente, se foi tomada em época de seca ou de chuva (Figs. 4.14 e 4.15), no inverno ou no verão (Fig. 4.16), antes ou depois da ocorrência de um fenômeno como desmatamento, incêndio, deslizamento de encostas, inundação etc. Como a umidade influencia na interação da energia eletromagnética com os objetos (rever exemplo da Fig. 1.5 do Cap. 1), recomenda-se a análise de

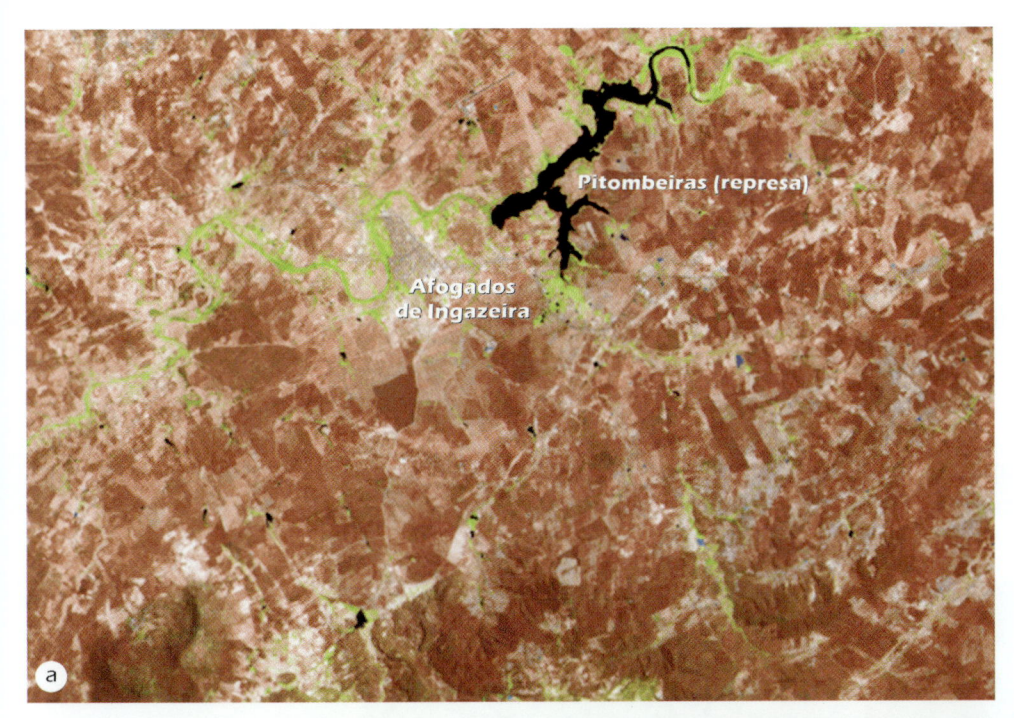

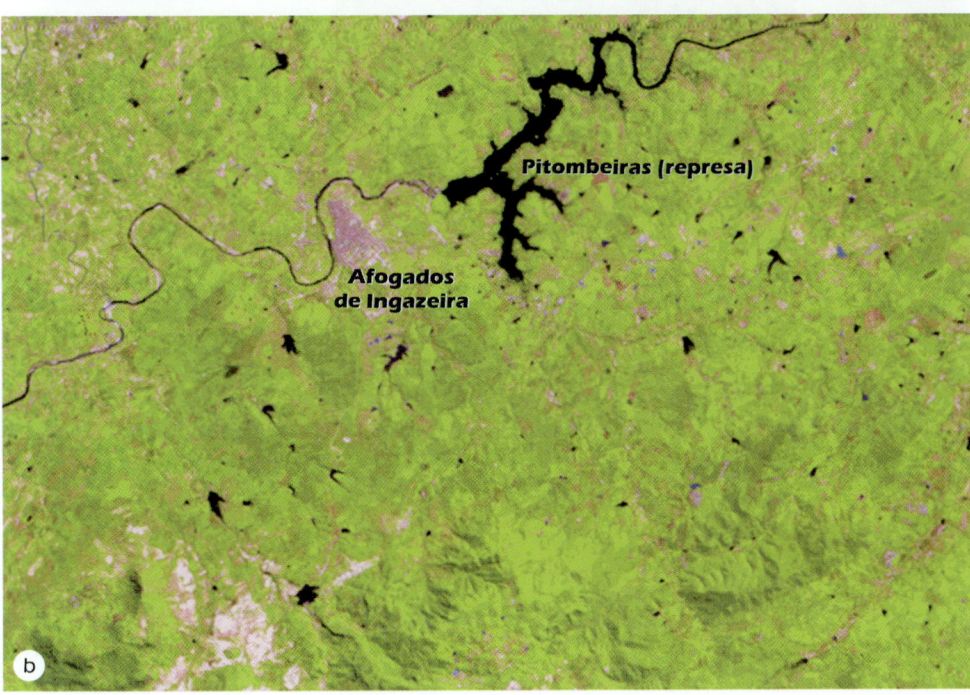

Fig. 4.14 Imagens Landsat de uma região semiárida, município de Afogados de Ingazeira, Pernambuco, tomadas pelo ETM+ em 28/9/2001, época de seca (a), e pelo TM em 9/5/1987, época de chuva (b). A combinação de bandas e cores é a mesma para as duas situações, ou seja: 3 (azul), 4 (verde) e 5 (vermelho). Em (b), época de chuva, a vegetação de caatinga, representada em verde, está totalmente verde, enquanto em (a), época seca, a mesma vegetação, representada em vermelho-escuro/marrom, está totalmente seca. A única exceção são as áreas de drenagem, em verde, graças à mata ciliar, que mantém seu vigor mesmo nessa época do ano, e também ao uso dessas áreas com culturas agrícolas no período seco

dados de precipitação do período de aquisição das imagens pelo sensor.

Se o objetivo for o estudo da expansão urbana de uma determinada cidade, vamos selecionar imagens de datas diferentes (pelo menos duas, uma antiga e uma recente) e que destaquem bem os limites da área urbana. Nesse caso, é recomendável que sejam da mesma época do ano. Para estudos intraurbanos, são necessárias imagens de alta resolução espacial. Se o objetivo for o estudo de culturas agrícolas, na seleção da data das imagens temos que levar em consideração, entre outros fatores, o calendário agrícola das culturas.

No mapeamento de marcas de processos erosivos, como cicatrizes de escorregamento, imagens obtidas no espectro visível e no infravermelho médio (p.ex., banda 7 do TM e ETM Landsat) são as mais indicadas. Portanto, ao selecionar um conjunto de bandas para gerar uma composição colorida ou aplicar uma classificação automática, recomenda-se incluir imagens dessas bandas.

Na delimitação (mapeamento) de corpos d'água e áreas úmidas, as imagens mais indicadas são aquelas obtidas nas regiões do infravermelho próximo e de micro-ondas. Nos estudos sobre qualidade da água, a maior contribuição é dada pelas imagens obtidas na região do visível. Para destacar manchas de óleo no mar, as mais indicadas são as imagens de micro-ondas (Souza, 2009). Se o objetivo for o mapeamento da rede de drenagem, dependendo da largura dos canais e da resolução da imagem, ela é inferida indiretamente, por meio da vegetação da mata ciliar.

Com relação às características da área de estudo para o mapeamento de feições erosivas, da cobertura vegetal e do uso da terra em áreas de relevo muito acidentado, é recomendável o uso de imagens ópticas obtidas no verão com altos ângulos de elevação solar e, consequentemente, menor sombreamento na imagem. Para o realce natural de áreas de relevo suave ondulado ou de microrrelevo, bem como o contato entre unidades, recomenda-se o uso de imagens ópticas obtidas com baixo ângulo de elevação solar, bem como imagens de radar. Em regiões de baixa densidade de cobertura vegetal, as imagens do infravermelho médio são

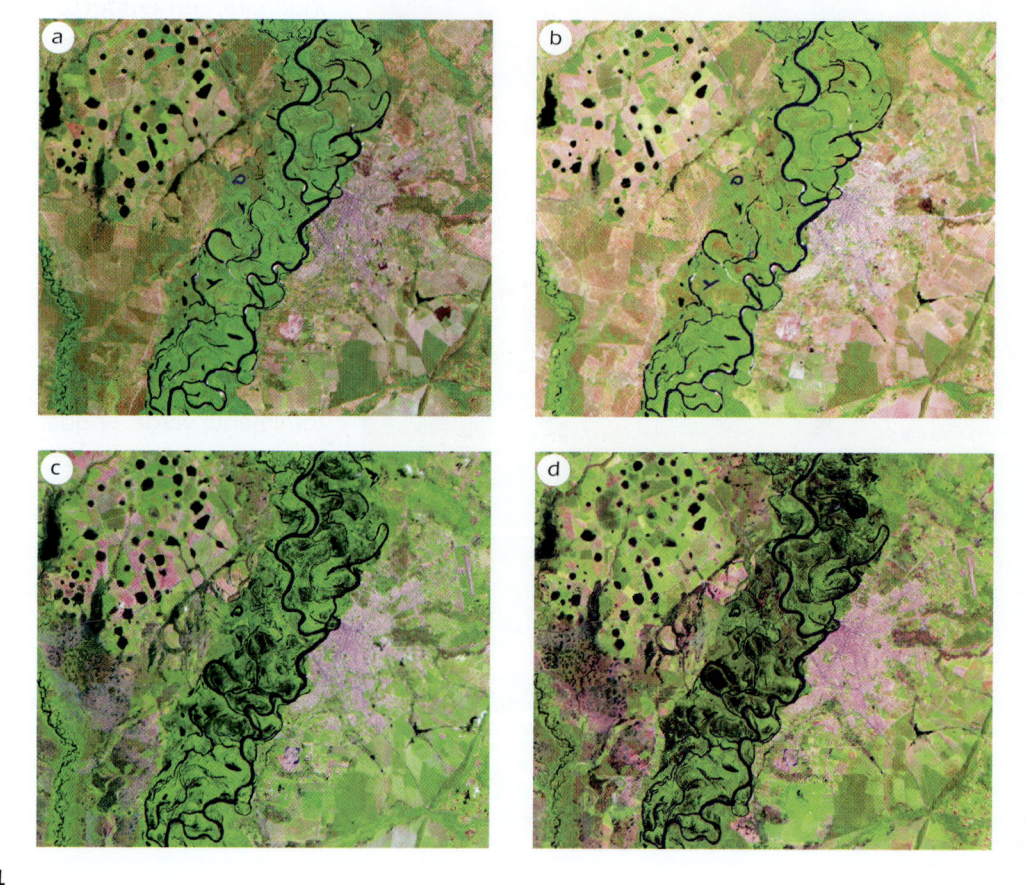

Fig. 4.15 Imagens Landsat do município de Cáceres-MT, composição colorida 5 (R), 4 (G) e 3 (B). As imagens da época de vazante (seca) foram obtidas em julho de 2007 (a) e agosto de 2009 (b); as da época cheia em abril de 2007 (c) e abril de 2009 (d). Observar que existem diferenças entre as imagens de mesma época. Por isto, é importante na interpretação de uma imagem analisar também os dados de precipitação do período de sua aquisição

CAPÍTULO 4 - Interpretação de Imagens

Fig. 4.16 Imagens TM-Landsat-5 de Campos do Jordão (SP), tomadas no verão, 6/1/1987 (a), e no inverno, 3/7/1988 (b). Em função do movimento de translação da Terra em torno do Sol, as condições de iluminação solar na superfície terrestre variam ao longo do ano. Por isto, o tamanho e a direção do sombreamento diferem de uma imagem para a outra, como podemos observar comparando (a) e (b). Na imagem de inverno, tomada com ângulo de elevação solar (ângulo formado entre o sol e a linha do horizonte) baixo (30°), as sombras são maiores do que na de verão, tomada com ângulo de elevação solar alto (57°). O relevo íngreme e o sombreamento decorrente dificultam a delimitação das classes de uso da terra. A imagem tomada no verão é a mais indicada para a interpretação dessas classes

as mais indicadas no mapeamento do relevo. Para áreas de densa cobertura vegetal, como a floresta Amazônica, recomenda-se selecionar imagens do infravermelho próximo e de radar. Porém, se tiverem também um relevo muito acentuado, (p.ex., a escarpa da serra do Mar coberta pela mata atlântica), melhor utilizar a do infravermelho próximo ou composições coloridas que incluam imagem dessa banda.

Observa-se uma relação muito grande entre a textura de uma imagem e a dissecação do relevo (densidade de drenagem) da área nela representada. Assim, a partir dos diferentes padrões, formados principalmente pela textura da imagem, identificamos as diferentes unidades de relevo com os respectivos níveis de dissecação, como ilustram as Figs. 4.17 e 4.18.

Os padrões destacados com números (1 a 6) na imagem da Fig. 4.18a e ilustrados com fotos de campo, representam algumas das diferentes unidades de paisagem da região selecionada, cuja descrição resumida é apresentada a seguir:

Unidade 1 – é uma planície fluvial de um curso temporário, formada por aluviões e solos aluviais eutróficos distróficos, coberta por uma caatinga aberta de estrato arbóreo (espécies perenefólias e hipoxerófilas) e herbáceo.

Unidade 2 – é uma área de relevo suave ondulado, com dissecação alta, formada por granitos diversos indiferenciados, regossolo distrófico eutrófico + afloramentos rochosos. Nela domina a caatinga aberta de estrato arbustivo e herbáceo.

Unidade 3 – é uma área de relevo plano, com dissecação muito baixa, formada por rochas do calcário caatinga, vertissolos + cambissolo eutrófico, coberta por caatinga aberta de estrato arbustivo e herbáceo. Esta unidade, de solos férteis, é utilizada com a cultura (irrigada) da cana-de-açucar.

Unidade 4 – é uma área de relevo plano, com dissecação muito baixa, formada por coberturas detríticas, uma associação de podzólico vermelho amarelo eutrófico + planossolo eutrófico. É coberta por caatinga fechada de estrato arbóreo e arbustivo.

Unidade 5 – caracteriza-se por relevo ondulado, com dissecação alta (um conjunto de relevos residuais – *inselbergs*). É formada por granitos diversos indiferenciados, quartzitos, granulitos e sienitos, solos litólicos eutróficos + afloramentos rochosos e é coberta pela caatinga fechada arbórea e arbustiva.

Unidade 6 – é um relevo de serra (*inselberg*), com dissecação alta, formado de quartzito, solos litólicos eutróficos extremamente pedregosos com calhaus escuros que, ao lado da caatinga fechada arbórea e arbustiva (na época seca), contribuem para os tons escuros representados principalmente na Fig. 4.18a.

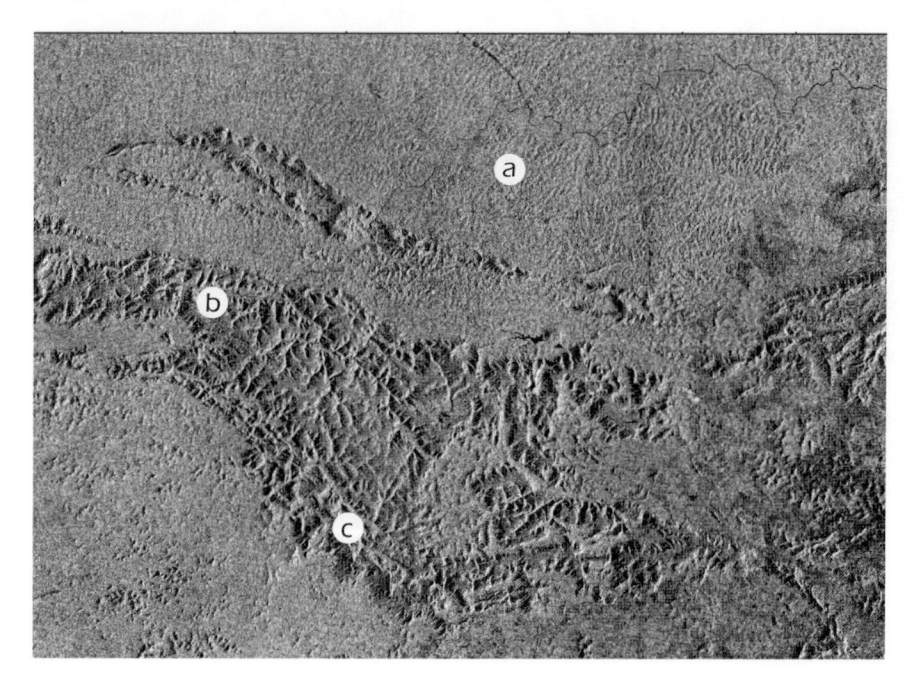

Fig. 4.17 Exemplos de feições e unidades geomorfológicas representadas em imagens de radar. As imagens A, B e C, da região de Carajás, são do Radarsat-1. Em (a), podemos observar o relevo plano pouco dissecado da região; em (b), o relevo ondulado com dissecação alta; e em (c), o relevo fortemente ondulado, muito dissecado, e o contato da serra com o relevo plano.
Fonte: Santos et al. (1999).

CAPÍTULO 4 - Interpretação de Imagens

Fig. 4.18 Imagens MSS Landsat composição colorida 754 (RGB) da região semiárida de Juazeiro-BA, obtidas em 9 de novembro de 1982 (a), final da época seca, e em 4 de maio de 1983 (b), no final da época de chuva, mas não muito representativa desta época. Os diferentes padrões de imagem representam diferentes unidades de paisagem exemplificadas também nas fotos de campo (de 1 a 6). Observar como a unidade de paisagem (4) está bem destacada na imagem da época seca e quase indiscriminada na outra imagem, o que reforça a utilidade de imagens de diferentes épocas na obtenção de informações

Um único tipo de imagem dificilmente fornece toda a informação procurada. Desse modo, podem ser exploradas imagens multiespectrais, multidatas e multissensores, pois elas se complementam e, assim, oferecem ao analista um grande número de informações. Como as imagens tridimensionais favorecem a interpretação do relevo, imagens como as

67

do SRTM, ou MDEs obtidos de outras fontes, podem ser integradas com imagens multiespectrais bidimensionais. Imagens multidatas, por exemplo, podem ser analisadas em estudos multitemporais, de detecção de mudanças no uso da terra e nas feições de relevo. Imagens multitemporais podem ser úteis também à medida que determinadas feições da paisagem são visíveis em imagens adquiridas com determinados ângulos de elevação solar e azimute, e em condições ambientais específicas. Assim, sempre que possível, é recomendável o uso de imagens de épocas contrastantes (seca/chuvosa, verão/inverno), que permitem ampliar a obtenção de informações.

Após a definição do objetivo e da área de

Fig. 4.19 Mapa de órbita/ponto dos satélites Landsat-5 e 7 para a localização de imagem. As órbitas têm uma direção aproximada N-S e são numeradas na linha paralela à do Equador. Cada órbita é dividida em segmentos numerados (pontos) indicados ao longo da linha paralela aos meridianos. No detalhe, o centro da imagem mais próximo de Manaus (órbita/ponto de 231/62)

estudo, o próximo passo é localizar a área e identificar qual é a órbita/ponto (sistema de referência) ou as coordenadas da imagem que cobrem a área de interesse. Para selecionar imagens dos satélites Landsat-5 e 7 de uma determinada área de estudo, consultamos um mapa-índice (mapa de órbita/ponto) (Fig. 4.19). Nele estão indicadas, por um sistema de coordenadas (Sistema Landsat de Referência Universal), as órbitas percorridas por esses satélites e latitudes. A área coberta por cada imagem Landsat é de 185 por 185 km, e os pequenos círculos no mapa de órbita/ponto indicam a área central de cada imagem.

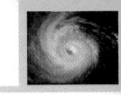

Nesse mapa, constata-se que a cidade de Manaus, por exemplo, é coberta pela imagem de órbita 231, ponto 62. Procedimento semelhante é utilizado com relação às imagens obtidas de outros satélites, consultando-se os respectivos mapas-índice. As grades (mapas de referência) Landsat e CBERS podem ser obtidas no endereço eletrônico: <http://www.dgi.inpe.br/siteDgi/download.html>. De modo geral é possível também selecionar a imagem de satélite da área de interesse a partir de suas coordenadas geográficas. No Catálogo de Imagens do Inpe (http://www.dgi.inpe.br/CDSR), as imagens dos satélites CBERS, Landsat e ResourceSat podem ser selecionadas também pelo nome do município de interesse.

Capítulo 5

PROCESSAMENTO DE IMAGENS

Orientações para aplicação de técnicas de processamento de imagens estão disponíveis no site da editora (http://www.ofitexto.com.br) na página do livro.

Uma imagem digital obtida por sensoriamento remoto é uma representação matricial dos valores que correspondem à intensidade de energia refletida ou emitida pelos objetos da superfície terrestre. A Fig. 5.1 ilustra uma imagem digital, na qual o valor numérico de cada elemento de resolução (célula ou *pixel*) representa uma intensidade de energia e um nível de cinza. Quanto maior o valor do *pixel*, maior é a energia e maior o nível de cinza (mais claro, tendendo ao branco); quanto menor o valor do pixel, menor a energia e menor o nível de cinza (mais escuro, tendendo ao preto). O valor numérico de cada elemento de resolução (*pixel*) da imagem varia de 0 (zero) a $2x$. Em uma imagem do sensor TM (satélite Landsat), por exemplo, o valor de x é 8 (2^8). Portanto, essa imagem é representada em 256 níveis de cinza (0 a 255), ou seja, em 8 bits (2^8), como são chamados os dígitos do sistema binário.

Por meio da utilização de *softwares* especializados, são aplicadas técnicas de processamento (operações ou transformações numéricas) nas imagens digitais de sensoriamento remoto. É fundamental compreender o tipo de transformação aplicada aos dados de sensoriamento remoto, para evitar perda de informação e erros na sua análise e interpretação. Essas técnicas podem ser agrupadas em três conjuntos: **pré-processamento**, **realce** e **classificação** de imagens.

5.1 Pré-Processamento

O pré-processamento refere-se ao tratamento preliminar dos dados brutos, com a finalidade de calibrar a radiometria da imagem, atenuar os efeitos da atmosfera, remover ruídos e corrigir suas distorções geométricas (decorrentes do processo de aquisição dos dados e deslocamento da plataforma) por meio de georreferenciamento. Com este tipo de processamento,

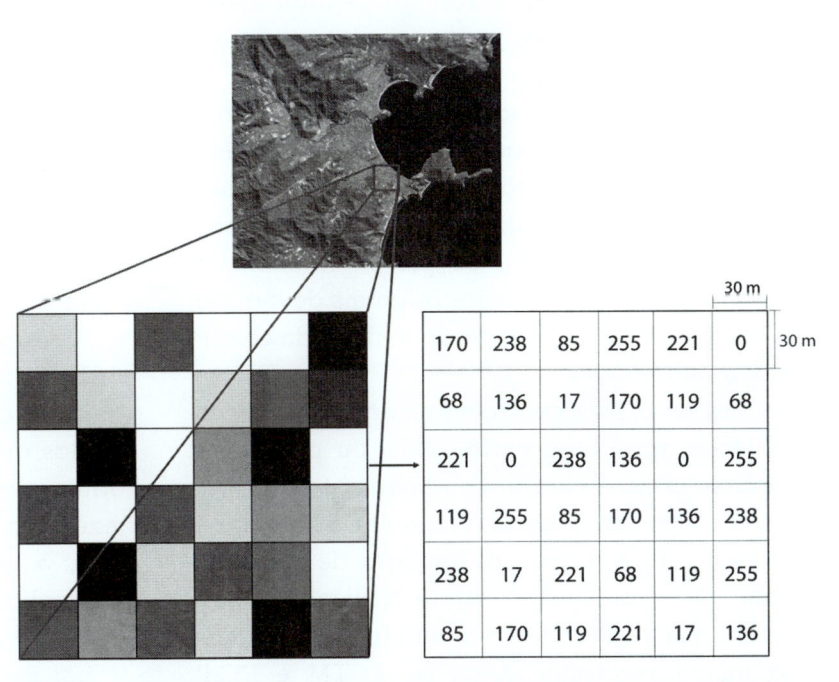

Fig. 5.1 Imagem digital representada em 256 níveis de cinza. O valor (número digital) de cada elemento de resolução (pixel) representa a energia (média) refletida pelo(s) objeto(s) contido(s) nessa área. Podemos observar que os valores mais baixos (objetos que absorvem muita energia) correspondem a níveis de cinza escuros e os mais altos (objetos que refletem muita energia) correspondem a níveis de cinza claros. Os valores extremos, 0 (zero) e 255, correspondem, respectivamente, ao preto e ao branco.
Adaptado de CCRS/CCT

as coordenadas da imagem (linha e coluna) são relacionadas com coordenadas geográficas (latitude e longitude) de um mapa. Desse modo, o posicionamento da cena representada na imagem é ajustado à sua localização correspondente no terreno. Cada *pixel* da imagem original é relacionado (ajustado) com um ponto da superfície representativa da Terra, que é o elipsoide de revolução. O elipsoide utilizado é derivado de um elipsoide em um determinado *datum* acrescido de uma determinada altitude H, que pode ser a altitude média da região representada pela imagem. O *datum* é um marco determinado por meios geodésicos, de alta precisão, que serve como ponto de referência para todo o levantamento da superfície terrestre. O *datum* sul-americano de 1969 (SAD69) foi o recomendado para o mapeamento sistemático brasileiro até o início de 2005. A partir de então, é recomendado o uso do Sirgas (Sistema de Referência Geocêntrico para as Américas). O *datum* utilizado pelo GPS é o WGS 84 (*World Geodetic System* 84, semelhante ao Sirgas) acrescido de uma determinada altitude H, que pode ser a altitude média da região representada pela imagem.

Os dados obtidos por sensoriamento remoto são fortemente influenciados pelo relevo. Por isso, técnicas de pré-processamento também são aplicadas visando reduzir o efeito da topografia nas imagens. Técnicas de pré-processamento que alteram muito os dados originais devem ser evitadas antes da aplicação de realce e da classificação automática.

Em geral, para georreferenciar uma imagem, utiliza-se uma base cartográfica ou pontos de controle obtidos com um equipamento GPS, ou, ainda, outra imagem previamente corrigida, e aplica-se uma técnica de registro de imagem. Uma base confiável e muito utilizada atualmente para georreferenciamento de imagens de média resolução (Aster-Terra, TM e ETM+ Landsat, CCD-CBERS etc.) são os Mosaicos de Imagens Landsat da Nasa (https://zulu.ssc.nasa.gov/mrsid). As imagens Landsat, disponíveis no endereço <http://glcf.umiacs.umd.edu/data>, também são ortorretificadas e podem ser utilizadas como referência para essa finalidade. As imagens de satélites de alta resolução espacial devem ser ortorretificadas por meio de um modelo matemático apropriado ou uma função de interpolação tridimensional baseada na geometria e orientação do sensor. Sobre ortorretificação de imagens obtidas de sensores de alta resolução, sugerimos consultar Araújo (2006).

Ainda dentro do pré-processamento, cabe destacar a restauração de imagens, um procedimento disponível no sistema Spring. Este tipo de procedimento ajuda a eliminar distorções e refinar (melhorar) a resolução espacial original da imagem. Imagens TM, por exemplo, com resolução de 30 m, poderão ser transformadas em imagens com resolução de 20 ou 15 m. Isso permite analisar esse tipo de imagens em escalas maiores, de até 1:25.000. Além disso, possibilita integrar ou superpor imagens de diferentes resoluções espaciais. Desse modo, a imagem de menor resolução (p.ex., 30 m) é reamostrada para ficar igual à imagem de maior resolução (p.ex., 10 m). A técnica de reamostragem por vizinho mais próximo é muito utilizada no processo de restauração, pois basicamente não altera o valor dos dados originais.

5.2 Realce de Imagens

A finalidade das técnicas de **realce** é melhorar a qualidade visual das imagens e facilitar o trabalho de interpretação. A seguir, são destacadas as técnicas de realce mais simples e utilizadas.

Ampliação linear de contraste: é uma técnica simples e eficiente para destacar objetos e feições. Consiste em expandir a distribuição dos dados originais (concentrados em um pequeno intervalo) para todo o intervalo possível, por exemplo, para 255 níveis em imagens de oito *bits*, o que aumenta o contraste da imagem. Na aplicação do aumento linear de contraste, define-se, com base no histograma da imagem e por meio de um cursor, o intervalo de níveis de cinza. Os valores mínimo e máximo desse intervalo são transformados, respectivamente, em zero e 255 (em imagens de oito *bits*), sendo todos os demais níveis de cinza da imagem distribuídos linearmente entre zero e 255. Nessa transformação, há uma perda de informação que pode ser significativa se houver saturação. A

Fig. 5.2 (a, b, c) mostra as imagens da banda 3 do TM-Landsat-5 (oito *bits*) e seus respectivos histogramas, no Spring. Em (a) está representada a imagem original e seu respectivo histograma; em (b) e (c), as imagens, e respectivos histogramas, resultantes da aplicação do contraste linear com diferentes intervalos de corte. A seleção dos intervalos de níveis de cinza deve ser feita com o cuidado de minimizar esse efeito. Uma saturação mais acentuada pode ser aceita, desde que destaque o alvo de interesse. O controle da saturação é feito pelo intérprete por meio da análise do histograma e da análise visual da imagem. Ela ficará muito escura, se saturada nos níveis inferiores, ou muito clara, se saturada nos níveis superiores, como mostrado na Fig. 5.2c.

Operações aritméticas: adição, subtração, multiplicação e divisão de imagens também são técnicas de simples aplicação, porém é mais difícil interpretar seus resultados. A adição e a multiplicação realçam as similaridades espectrais e são eficientes para destacar unidades de relevo e drenagem; a subtração e a divisão realçam as diferenças espectrais e eliminam ou suavizam a textura da imagem e, consequentemente, o relevo. Nesse caso, pode ser útil para destacar a cobertura e o uso da terra, bem como cicatrizes de erosão. Um exemplo de imagem resultante da aplicação da técnica de multiplicação é mostrado na Fig. 5.3.

Transformação por componentes principais: é uma transformação linear de **n** variáveis originais (por exemplo, imagens multiespectrais) em **n** novas variáveis (componentes principais), em que cada nova variável é uma combinação linear das variáveis originais. As novas variáveis (componentes principais) são não correlacionadas e computadas de forma que a primeira componente principal contenha a maior parte da

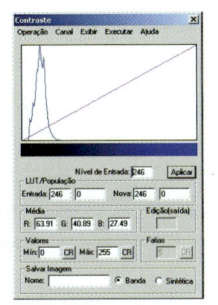

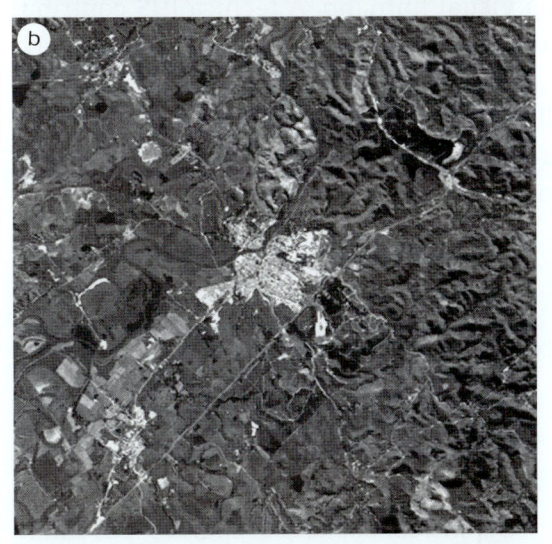

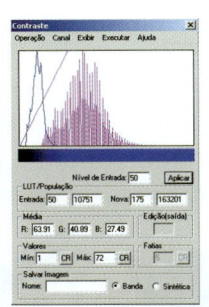

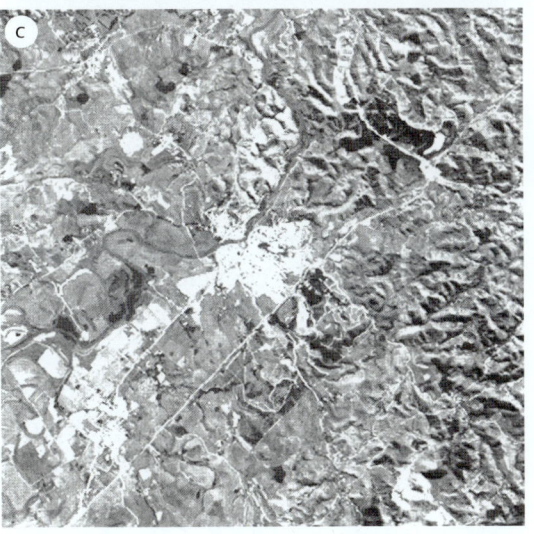

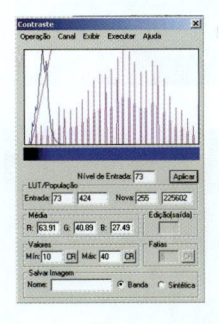

Fig. 5.2 Imagens da banda 3 do sensor TM-Landsat (Cachoeira Paulista - SP) e respectivos histogramas. Imagem original e respectivo histograma (a); imagem realçada por contraste linear sem saturação e respectivo histograma (c); e imagem realçada por contraste linear com saturação e respectivo histograma (c)

variância total (informação total), seguida pelas demais, que contêm sucessivamente uma menor variância dos dados. Isso permite selecionar apenas as três primeiras componentes principais. Assim, a transformação por componentes principais, além de ser uma técnica de realce de imagem, pode ser utilizada para reduzir a dimensionalidade dos dados. Essa técnica pode ser utilizada ainda na integração de dados obtidos de diferentes sensores. Na imagem da primeira componente principal, o relevo é realçado; nas imagens das demais componentes podem ser destacados objetos como estradas, áreas de cultivo e cicatrizes de escorregamento, entre outros.

Transformação por IHS: a partir de uma composição colorida RGB, essa transformação matemática desagrega a informação espectral nas componentes matiz (*Hue*) e saturação (*Saturation*), e a espacial na componente intensidade (*Intensity*). O matiz está associado ao comprimento de onda médio ou dominante da energia refletida ou emitida por um objeto. A componente saturação refere-se à pureza ou à quantidade de luz branca em um matiz. Desse modo, tanto o matiz quanto a saturação, relacionados com a percepção humana de cores, fornecem informações a respeito das cores de um alvo. A componente intensidade representa o brilho total de um objeto e está relacionada com a variação espacial da superfície representada. O sistema de cores IHS apresenta vantagem em relação ao RGB, uma vez que descreve a formação de cores de forma mais próxima àquela percebida pelo sistema visual humano. A técnica IHS contribui no realce de objetos e feições da paisagem e na integração de dados multissensores.

Filtragem espacial: a frequência espacial de uma imagem refere-se ao número de mudanças nos valores de níveis de cinza por unidade de distância de um setor da imagem (frequência da variação dos níveis de cinza ou textura). Assim, as áreas de baixa frequência são as de pouca mudança, enquanto as de alta frequência são as de mudanças abruptas. A transformação da imagem filtrada depende dos valores dos níveis de cinza dos *pixels* vizinhos. Os filtros espaciais operam por meio de máscara (ou janela) móvel formada por uma matriz de coeficientes (pesos), dimensão e forma variáveis. A máscara é inicialmente posicionada sobre o canto superior esquerdo da imagem original. Em seguida, é deslocada sobre esta, gerando uma nova imagem pela multiplicação de cada coeficiente da janela pelo correspondente valor do *pixel* na imagem original. O valor da soma dos produtos resultantes é atribuído ao *pixel* central da janela na imagem filtrada. A seleção do tamanho da janela e dos valores dos pesos mais adequados aos objetivos da análise é feita de modo interativo pelo usuário. O resultado obtido depende diretamente desses parâmetros. Em geral, filtros de dimensões menores são mais indicados para

Fig. 5.3 *Imagem TM-Landsat 5 da serra Tepequém-RO. Em (a), composição colorida 542, RGB, com contraste linear; em (b), composição colorida 4x5, 4x2 e 4x7, RGB, com contraste linear. Podemos observar em (b) mais realce dos contatos e das feições do relevo e drenagem*
Fonte: Florenzano et al. (2001).

imagens de textura rugosa, enquanto os maiores para textura lisa. As duas principais classes de filtro são: passa-baixas (atenua as componentes de alta frequência) e passa-altas (realçam as componentes de alta frequência). Nas imagens resultantes da aplicação de filtros passa-altas, são destacados: estradas, contatos, drenagem, falhas, juntas e outras feições lineares. Filtros passa-baixas são muito utilizados para atenuar ruídos de imagem, como o *speckle*, característico das imagens de radar.

Geração de composições coloridas: como o olho humano distingue cem vezes mais cores do que tons de cinza, a geração de composição colorida pode ser considerada uma forma de realce de imagem. Como já vimos no Cap. 1, as imagens obtidas por sensores eletrônicos são originalmente processadas em preto-e--branco. É possível gerar composições coloridas associando duas ou três imagens às cores primárias azul, verde e vermelho. Nesse processo, normalmente, são utilizadas imagens preto-e--branco resultantes da aplicação de técnicas de pré-processamento e de realce de imagens.

Integração de dados: dados de sensoriamento remoto podem ser integrados, gerando imagens coloridas: multiespectrais (obtidas em diferentes faixas espectrais por um mesmo sensor), multissensores (obtidas em diferentes faixas espectrais por mais de um sensor), multidatas ou multitemporais (obtidas em diferentes datas por um mesmo sensor). Assim, é possível reunir em uma única imagem a informação de três imagens obtidas em diferentes faixas espectrais, datas ou mesmo por diferentes tipos de sensores. Para isso, é necessário que as imagens tenham a mesma resolução espacial e sejam registradas (superpostas). Se a resolução espacial das imagens não for igual, utiliza-se o processo de restauração (reamostragem), destacado anteriormente.

Na integração de dados ou **fusão** de imagens, podem ser utilizadas transformações por componentes principais, IHS, *wavelet*, entre outras, bem como as operações aritméticas. É fundamental, no entanto, que o registro (a superposição) entre as imagens utilizadas na fusão seja realizado com o menor erro possível. As técnicas de fusão visam obter novas imagens que combinam as melhores características espectrais e espaciais das imagens originais. Essas técnicas têm sido cada vez mais utilizadas na integração de imagens pancromáticas de alta resolução (p.ex., Ikonos e Spot) com imagens espectrais de média resolução (p.ex., CBERS e Landsat), bem como de imagens ópticas (p.ex., CBERS e Landsat) com as de radar (p.ex., Radarsat e Jers). Um exemplo de fusão de imagem com a aplicação da transformação IHS é mostrado na Fig. 5.4.

Na interpretação de imagens realçadas e/ou integradas por técnicas de processamento digital, também são utilizados os elementos e as chaves de análise de imagem. É fundamental entender o tipo de transformação aplicada na imagem original. As imagens (preto-e-branco ou composições coloridas) resultantes da aplicação de técnicas de realce devem ser interpretadas junto com as imagens originais que as geraram. Para obter mais informações sobre as técnicas de realce e de fusão de imagens, recomenda-se consultar os livros de Novo (2008) e Moreira (2011).

5.3 Segmentação e Classificação

A **segmentação** de imagens é um procedimento computacional aplicado antes de um algoritmo de classificação automática. A segmentação permite dividir a imagem em regiões espectralmente homogêneas. Nelas podem ser definidas amostras (áreas de treinamento) para aplicação de um algoritmo de classificação supervisionada. Na aplicação da segmentação, devem ser definidos dois limiares: de similaridade (limiar abaixo do qual duas regiões são consideradas similares e agrupadas em uma única região) e área (valor de área mínimo, representado em número de *pixels*, para que uma região seja individualizada). Um exemplo de imagem segmentada é mostrado na Fig. 5.5b.

As técnicas de **classificação** de imagens digitais visam ao reconhecimento automático de objetos, em função de determinado critério de decisão, agrupando em classes os objetos que apresentam similaridade em suas respostas espectrais. O resultado de uma classificação digital de imagens, portanto, é um mapa temático,

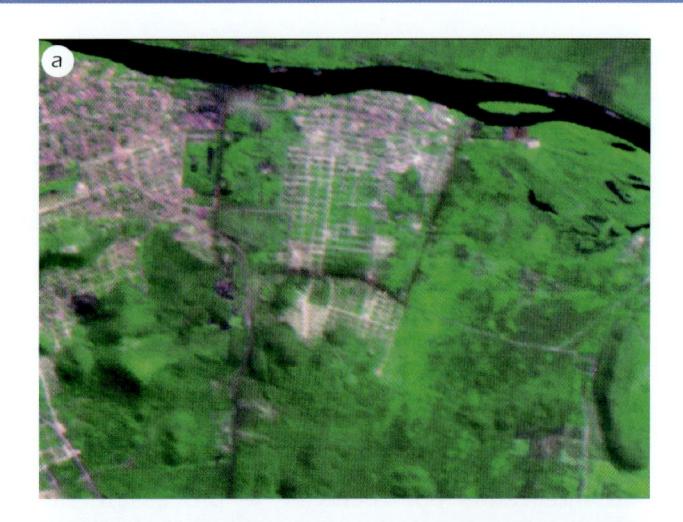

Fig. 5.4 Imagens CBERS do município de Ladário-MS. (a) Composição colorida com as imagens CCD das bandas 3R, 4G, 2B, reamostrada de 20 para 10 m; (b) imagem pancromática HRC; (c) imagem resultante da fusão das imagens (a) e (b). Na imagem (c), podemos verificar o ganho da resolução espectral (variação de cores) de (a) e o da resolução espacial de (b) (mais detalhes da área urbana, estradas e drenagem)
Fonte: Curtarelli e Arnesen (2010).

no qual cada *pixel* ou grupo de *pixels* (quando a imagem é segmentada) da imagem foi classificado em uma das várias classes (ou temas) definidas. A intenção é tornar o processo de mapeamento mais quantitativo, objetivo, rápido e com possibilidade de repetição em situações subsequentes. A interação do intérprete com o processamento automatizado, no entanto, é fundamental para o sucesso de uma classificação.

As técnicas tradicionais de classificação digital de imagens são limitadas porque usam apenas as características espectrais (o atributo tonalidade, os níveis de cinza, representados por números digitais) para definir as classes de interesse. Como destacado anteriormente, o intérprete utiliza vários elementos no processo de interpretação de imagens, além do seu conhecimento e da sua experiência. Por isso, em geral, o desempenho dessas técnicas é baixo.

Existe a técnica de classificação **supervisionada** (as classes são definidas *a priori* pelo analista) e a de classificação **não supervisionada** (as classes são definidas *a posteriori*, como um resultado da análise). Na classificação supervisionada, o analista deve fornecer amostras (áreas de treinamento) das classes espectralmente representativas, mas não necessariamente homogêneas. Neste tipo de classificação o analista identifica *pixels* (amostras) pertencentes às classes de interesse e deixa para o algoritmo utilizado a tarefa de localizar todos os demais *pixels* pertencentes a essas classes, baseado em uma regra estatística pré-estabelecida.

Essas amostras, também denominadas de áreas de treinamento, são delimitadas na imagem pelo analista por meio de um cursor, com base no seu conhecimento sobre a área de estudo e, geralmente, a partir de dados coletados no campo, muitas vezes dependendo da finalidade da classificação, com base em dados coletados na data da passagem do satélite. Mais de uma amostra devem ser definidas para uma

CAPÍTULO 5 – Processamento de Imagens

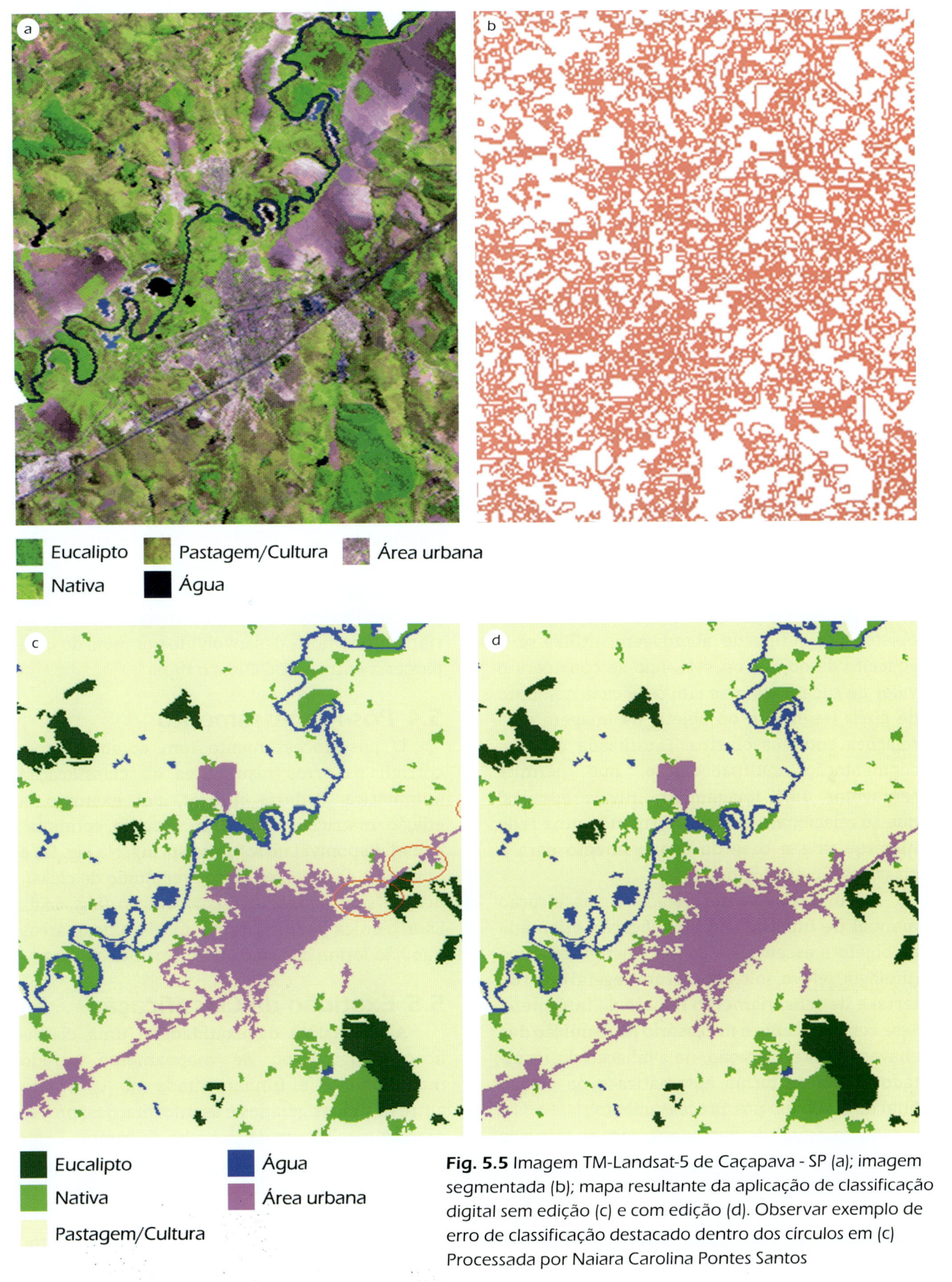

- Eucalipto
- Nativa
- Pastagem/Cultura
- Água
- Área urbana

- Eucalipto
- Nativa
- Pastagem/Cultura
- Água
- Área urbana

Fig. 5.5 Imagem TM-Landsat-5 de Caçapava - SP (a); imagem segmentada (b); mapa resultante da aplicação de classificação digital sem edição (c) e com edição (d). Observar exemplo de erro de classificação destacado dentro dos círculos em (c) Processada por Naiara Carolina Pontes Santos

mesma classe para assegurar sua representatividade.

Na classificação não supervisionada, as classes não são predeterminadas e, em razão de o analista ter pouco controle sobre o estabelecimento das mesmas, é uma técnica menos subjetiva. Nesse tipo de classificação, o algoritmo utilizado decide, também com base em regras estatísticas, quais as classes a serem separadas e quais os *pixels* (ou segmentos) pertencentes a cada uma delas.

Para classificar uma mesma área, pode ser utilizado um método híbrido, ou seja, os dois tipos de classificação. Assim, primeiro aplica-se a classificação não supervisionada, como base para a seleção de amostras de treinamento, e, posteriormente, a classificação supervisionada. Um exemplo de imagem classificada é mostrado na Fig. 5.5c.

Para explorar os dados adquiridos pelos sensores de alta resolução e a grande quantidade de dados disponíveis atualmente, existem novas abordagens de classificação digital de imagens como, por exemplo, a classificação orientada ao objeto. Nesse tipo de abordagem, utiliza-se o conceito de objeto, ou seja, não se considera o valor de cada *pixel*, mas sim o de cada conjunto de *pixels* (segmento ou objeto) da imagem e as relações entre os objetos. É utilizada ainda a segmentação multirresolução, que permite segmentar uma imagem em níveis (escalas) que se relacionam entre si, formando uma rede hierárquica e a base do conhecimento para a classificação de objetos.

Assim como na interpretação e classificação manual de imagem, na classificação orientada ao objeto é essencial o conhecimento temático (litologia, relevo, solos, cobertura vegetal e uso da terra) e de sensoriamento remoto do intérprete. Esse conhecimento é necessário na definição das chaves de interpretação, na avaliação do resultado obtido de forma automática e na edição final do mapa (no pós-processamento).

Ao contrário do que ocorre com as técnicas tradicionais, esse novo tipo de abordagem, que permite explorar vários elementos de interpretação, abre a perspectiva de aplicação de classificação automática em Geologia e Geomorfologia. Nesse sentido, para gerar um mapa geomorfológico, existe a possibilidade de utilizar dados multiespectrais e morfométricos. Outros exemplos de aplicação desse tipo de classificação podem ser encontrados em Blaschke e Kux (2007).

O *software* de processamento de imagens, como o SPRING, por exemplo, permite aplicar nas imagens digitais técnicas de correção, realce, segmentação e classificação automatizada. Um programa como o SPRING, acoplado a um SIG, possibilita, além da geração direta de um plano de informação e de uma carta temática, acessar, superpor e integrar à imagem analisada uma grande variedade de dados armazenados no sistema, como curvas de nível, drenagem, mapas temáticos etc.

Para a aplicação das novas técnicas de classificação, no entanto, até recentemente só poderiam ser utilizados programas sofisticados e caros. Agora já está disponível o sistema InterImage, no endereço <http://www.lvc.ele.puc-rio.br/projects/interimage/pt-br/download>. Trata-se de uma plataforma em *software* livre para análise automática de imagens de sensoriamento remoto, desenvolvido por meio de uma parceria entre a PUC-Rio e o Inpe.

5.4 Pós-Processamento

O pós-processamento tem como objetivo corrigir os erros resultantes da classificação automática. Pode-se utilizar, por exemplo, a edição matricial, que é um recurso computacional disponível no *software* Spring. Na Fig. 5.5 é apresentado um exemplo de resultado de classificação sem (Fig. 5.5c) e com edição (Fig. 5.5d). Esta técnica permite também classificar áreas que não foram classificadas e agrupar classes.

5.5 Exatidão da Classificação

A estimativa da exatidão de uma classificação digital ou de mapeamento gerado manualmente é fundamentada no confronto entre os mapas gerados e as informações, provenientes geralmente de trabalho de campo. É um procedimento necessário para determinar quão confiável é o resultado de uma classificação. Um determinado número de pontos para a coleta de dados no campo pode ser sorteado aleatoriamente. Esses pontos são plotados no mapa sobre polígonos, cuja natureza e posicionamento espacial foram preestabelecidos. Para cada um dos pontos selecionados é averiguado se, de fato, a decisão do classificador ou do intérprete sobre a natureza do polígono interpretado foi correta. Os resultados são organizados de forma a permitir o cálculo de um valor percentual, que expressa a confiabilidade dos mapas gerados. Nesse sentido, se o valor de Exatidão de Mapeamento for de 80%, significa que temos 80% de chance de que um polígono identificado como Remanescente Florestal no mapa, por exemplo, corresponda realmente a esse tema no terreno.

Na comparação entre um mapa gerado a partir da classificação digital de uma imagem com um mapa de referência, pode ser utilizada a matriz de erro, como exemplificado na Tab. 5.1. Na diagonal da matriz estão representados os números de amostras em que existe coincidência entre os resultados da classificação e as informações reais, de referência. Neste exemplo foram mapeadas apenas duas classes: área urbanizada e não urbanizada. Pela tabela, verificamos que o

Tab. 5.1 Matriz de erros resultantes da classificação automática

	Urbanizada	Não urbanizada	Total
Urbanizada	23	4	27
Não urbanizada	6	151	157
Total	29	155	184

Fonte: Alves, Florenzano e Pereira (2010).

resultado da classificação foi muito bom, pois de 27 amostras de área urbanizada 4 foram classificadas erradas (como não urbanizadas) e de 157 amostras de área não urbanizada apenas 6 foram classificadas erradas (como urbanizadas). A distribuição espacial dos erros nas quadrículas de amostragem é apresentada na Fig. 5.6.

No estudo apresentado na Fig. 5.6 aplicou-se, com o uso do *software* Definiens, a classificação orientada ao objeto em imagem Landsat da região de Piracicaba, Limeira e Rio Claro, no Estado de São Paulo, obtida em 2007. Na avaliação dos resultados foram utilizadas imagens de alta resolução do satélite QuickBird, disponíveis no Google Earth, e dados de campo.

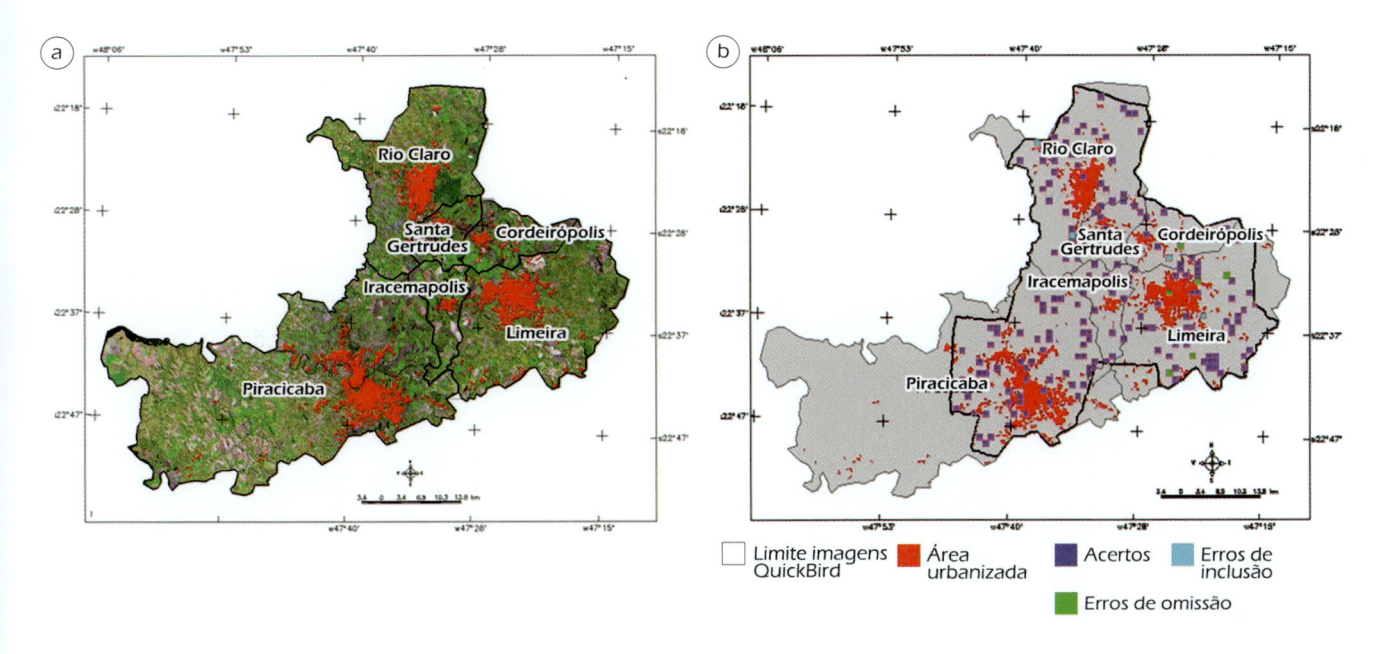

Fig. 5.6 Mosaico de imagens TM-Landsat-5 de 2007, composição colorida 5 (vermelho), 4 (verde) e 3 (azul), no qual são destacadas (em vermelho) as áreas urbanas classificadas (a); e distribuição espacial dos erros nas quadrículas de amostragem (b). Os erros de inclusão referem-se a segmentos (objetos) não urbanos incluídos na classe "urbanizada" e os erros de omissão referem-se a objetos pertencentes à classe "urbanizada", mas que não foram classificados como tal
Fonte: Alves, Florenzano e Pereira (2010).

Capítulo 6
O USO DE IMAGENS NO ESTUDO DE FENÔMENOS AMBIENTAIS

As imagens de satélites, ao recobrirem sucessivas vezes a superfície terrestre, possibilitam o estudo e o monitoramento de fenômenos naturais dinâmicos do meio ambiente, como os da atmosfera, do vulcanismo, de erosão do solo, de inundação etc., e aqueles antrópicos, como o desmatamento. Esses fenômenos deixam marcas na paisagem que são registradas em imagens de sensores remotos, como mostrado nas figuras deste capítulo.

Muitos fenômenos naturais, como a erosão do solo e a inundação, são intensificados ou agravados pela ação do homem. A derrubada da vegetação, por exemplo, acelera os processos erosivos. A pavimentação das ruas das áreas urbanas, impermeabilizando o solo, e o lixo despejado nos rios são fatores que agravam o fenômeno da inundação nas grandes cidades. As queimadas ocorrem naturalmente, mas em número bem menor do que aquelas provocadas pelo homem, estimadas em cerca de 90%. Com o uso de imagens de satélites, é possível identificar, calcular e monitorar o crescimento de diferentes tipos de área: desmatadas, atingidas pelo fogo (queimadas), impermeabilizadas, submetidas a processos de erosão e inundadas, como veremos neste capítulo.

Os fenômenos da atmosfera podem ser estudados a partir dos conceitos de tempo e clima. O tempo refere-se ao estado da atmosfera em um determinado momento e lugar, enquanto o clima refere-se às condições médias da atmosfera de um determinado lugar. Essas condições médias são resultantes da observação dos sucessivos estados de tempo por um longo período.

O estudo dos fenômenos atmosféricos, como furacões, tempestades, geadas etc., pode minimizar perdas de vidas humanas e prejuízos materiais causados por esses fenômenos. Por isto, em muitos países, grandes quantidades de recursos são aplicados à meteorologia, ciência que tem por objetivo o estudo do clima e a previsão do tempo. A partir dos satélites meteorológicos, por sua vez, são obtidos dados que, em conjunto com informações provenientes de outras fontes, são utilizados na previsão do tempo e no estudo do clima e de outros fenômenos da atmosfera que afetam o clima. Dessa maneira, vamos ver, inicialmente, qual é a contribuição das imagens dos satélites meteorológicos na previsão do tempo e na detecção de focos de incêndio e de áreas queimadas.

6.1 Imagens de Satélites na Previsão do Tempo

As imagens dos satélites meteorológicos contribuem bastante para a previsão do tempo, devido à grande cobertura espacial. Elas cobrem extensas áreas, incluindo as oceânicas e as de difícil acesso, com alta cobertura temporal, isto é, com disponibilidade de imagens em curtos intervalos de tempo. A partir do satélite meteorológico Goes, por exemplo, é possível obter imagens de 30 em 30 minutos.

Duas imagens obtidas do satélite meteorológico Goes, no canal 4 (infravermelho), são mostradas na Fig. 6.1. As cores e os limites dos países da América do Sul foram assinalados com a ajuda de mapas e de programas computacionais. Nelas, as nuvens estão representadas em branco. Pela análise dessas imagens sequenciais, é possível acompanhar o deslocamento das nuvens. Na região Sul do Brasil, as nuvens estão associadas à passagem de uma frente fria, que

Iniciação em Sensoriamento Remoto

Fig. 6.1 Imagens do canal 4, infravermelho, obtidas pelo satélite Goes-8 em 20/8/2002 (a) e 21/8/2002 (b), coloridas artificialmente. Podemos observar que as nuvens associadas à frente fria deslocam-se lentamente

comprime o ar quente à sua frente, provocando um aumento de temperatura, e um aquecimento chamado de pré-frontal. Após a sua passagem, que pode ser acompanhada de chuva, ocorre então um resfriamento do ar, verificando-se uma consequente queda de temperatura.

A partir da cobertura de nuvens identificadas nesse tipo de imagens, os especialistas em meteorologia podem estimar uma precipitação, delimitar as áreas com ocorrência de precipitação e mapear as áreas com chuvas intensas. Informações sobre a direção e velocidade do vento podem ser obtidas por meio da observação do deslocamento de nuvens em uma sequência de imagens de satélites, em intervalos de 30 minutos. As variações de tonalidade de uma imagem obtida no infravermelho termal representam variações de energia (calor) emitida pela atmosfera e pela superfície da Terra. Pela análise desse tipo de imagem, é possível estimar a temperatura da superfície dos continentes e do mar, a qual, por sua vez, influencia a temperatura da atmosfera, como se verifica com o fenômeno El Niño.

Esse fenômeno caracteriza-se pelo aquecimento anormal das águas do Pacífico Equatorial Central e Oriental, entre o litoral do Peru e da Austrália, provocando mudanças na circulação da atmosfera e, consequentemente, no clima de diferentes regiões da Terra. O aquecimento e o subsequente resfriamento dessas águas duram de 12 a 18 meses, atingindo sua intensidade máxima nos meses de dezembro e janeiro. O El Niño não tem um ciclo bem definido; ele ocorre, em geral, entre 2 e 7 anos. A partir desses dados, em 1997/1998, por exemplo, durante a ocorrência do El Niño, verificaram-se temperaturas da superfície do mar até 5°C acima da média histórica.

Os principais efeitos do fenômeno El Niño no Brasil são: secas de diferentes intensidades nas regiões Norte e Nordeste, aumento da temperatura média na região Sudeste, tendência de chuvas acima da média na região Centro-Oeste e altos índices de precipitação na região Sul.

Nos grandes centros urbanos, observam-se diferenças representativas de temperatura entre as áreas centrais (temperaturas mais altas) e a periferia desses centros (temperaturas mais

Capítulo 6 - O Uso de Imagens no Estudo de Fenômenos Ambientais

baixas). As temperaturas mais altas das áreas centrais formam as chamadas ilhas de calor, decorrentes da grande concentração de edifícios e outras construções, ruas asfaltadas, população e veículos, elementos que absorvem mais calor e dificultam a circulação do ar. Na região metropolitana de São Paulo, essa diferença pode chegar a até 10°. Esse fenômeno, ou seja, essa variação de temperatura, pode ser detectado por meio de imagens do infravermelho termal, obtidas pelo satélite Noaa. As imagens do infravermelho termal permitem ainda monitorar a ocorrência de geadas.

6.2 Detecção e Monitoramento de Focos de Incêndio e Áreas Queimadas

Nas últimas décadas, aumentou muito a frequência das queimadas no Brasil, em decorrência do aumento da ocupação do seu território. O emprego do fogo está associado, principalmente, à expansão das fronteiras agrícolas, que é o limite entre áreas agropecuárias e um ambiente natural. Prática comum entre os agricultores, o fogo é usado na substituição de florestas e savanas por pastagens e culturas, na remoção de material seco acumulado e na renovação de áreas de pastagem e de cultivos agrícolas.

A importância da detecção e do monitoramento de queimadas transcende o problema do desmatamento em si, trazendo contribuições aos estudos de modificação do clima, incluindo: efeito estufa, chuva ácida, influência dos aerossóis na visibilidade, balanço de energia, formação de nuvens e precipitação. As queimadas consomem biomassa e liberam para a atmosfera aerossóis e gases de efeito estufa, principalmente dióxido de carbono (CO_2), vapor d'água (H_2O), metano (CH_4), dióxido de nitrogênio (NO_2), monóxido de carbono (CO), monóxido de nitrogênio (NO) e cloreto de metil (CH_3Cl). Fica evidente, portanto, que o excesso de áreas queimadas tem implicações ecológicas, climáticas e ambientais diversas.

As imagens de satélites são muito utilizadas para detectar focos de incêndios. As imagens AVHRR dos satélites Noaa, por exemplo, permitem detectar e localizar, em tempo real, focos de fogo ativo em todo o território nacional. Informações adicionais sobre a temperatura e a área queimada também podem ser obtidas com as imagens dos canais das regiões do visível e infravermelho. Exemplos de foco de queimada ativo, cicatriz de queimada recente, cicatriz de queimada antiga e áreas em processo de regeneração são apresentados nas Figs. 6.2, 6.3 e 6.4. Na Fig. 6.5, é mostrado o mapa dos totais de focos de calor no Brasil, por Estado, no período de junho a novembro de 1997, detectados por meio de várias imagens do satélite Noaa-12.

Fig. 6.2 Imagem de uma região do Estado do Mato Grosso, próxima à fronteira com a Bolívia, obtida em 11 de julho de 2003 pelo sensor Modis, do satélite Terra. Podemos identificar nesta imagem os focos de incêndio (destacados em vermelho) e a fumaça (em cinza-azulado)
Fonte: Nasa.

Fig. 6.3 Imagem TM-Landsat-5 de uma região do Mato Grosso, obtida em 7/8/1997, na qual podemos observar por meio de uma pluma de fumaça, em azul-claro, um foco de incêndio; em preto, queimadas recentes; em roxo, cicatrizes de queimada antiga. As áreas com cobertura vegetal aparecem em verde e as áreas desmatadas, em rosa-claro (magenta)

Fig. 6.4 Detecção e monitoramento de queimadas do Parque Nacional de Brasília, no ano de 1985, com imagens TM-Landsat-5. É possível ver, nessas imagens sequenciais, a área do Parque Nacional de Brasília antes de ser queimada; após sofrer os efeitos de um incêndio; e em fase de regeneração da vegetação
Cortesia: Flávio Ponzoni, 1985.

Estima-se que no Brasil ocorram mais de 300 mil queimadas anualmente. Desde a década de 1980, elas vêm sendo detectadas em imagens de satélite por pesquisadores do Inpe. Desde 1998, esse trabalho é realizado em conjunto com o Ibama, pelo Programa de Monitoramento de Queimadas e Prevenção e Controle de Incêndios Florestais no Arco do Desflorestamento na Amazônia (Proarco). Esse programa abrange, além do Brasil, os seguintes países

Fig. 6.5 Totais de focos de calor no Brasil, no período de junho a novembro de 1997. Pelo mapa, podemos verificar que os Estados do Pará, Mato Grosso e Maranhão têm o maior percentual de incidência de focos de calor no período Fonte de dados: DSA/Inpe.
Fonte: Krug, 1998.

sul-americanos: Bolívia, Paraguai e Peru. Nesse programa, as informações sobre queimadas são geradas da análise das imagens termais dos satélites meteorológicos Noaa, Goes, Terra e Aqua. Essas informações estão disponíveis aos usuários, cerca de 20 minutos após as passagens dos satélites, na página < http://sigma.cptec.inpe.br/queimadas>.

6.3 Desmatamento

A exploração de madeira e a substituição da vegetação natural por diferentes tipos de uso da terra intensificaram o processo de desmatamento. E, como vimos anteriormente, o emprego do fogo está bastante associado a esse processo. O aspecto multitemporal das imagens de satélites permite avaliar e monitorar as áreas desmatadas, como podemos observar na Fig. 6.6. A partir da interpretação de imagens de satélites, podem ser gerados mapas de áreas desmatadas de diferentes datas. Com o uso de um SIG, é possível integrar essas informações e calcular as taxas de desmatamento. A Fig. 6.6a mostra um mosaico elaborado a partir de seis imagens MSS-Landsat-1, de Rondônia, obtidas entre junho e julho de 1973, enquanto na Fig. 6.6b é mostrado um mosaico elaborado com cinco imagens TM-Landsat-5, de Rondônia, obtidas entre junho e julho de 1987.

Em uma imagem mais recente (agosto de 2000) da região de Jaru/Ji-Paraná, podemos observar que o processo de desmatamento continua (Fig. 6.6c).

Desde 1989, o Inpe faz estimativas anuais das taxas de desflorestamento da Amazônia Legal, a partir da interpretação de imagens do satélite Landsat e CBERS. Essas taxas de desflorestamento estão disponíveis para consulta no endereço <http://www.obt.inpe.br/prodes/index.html>.

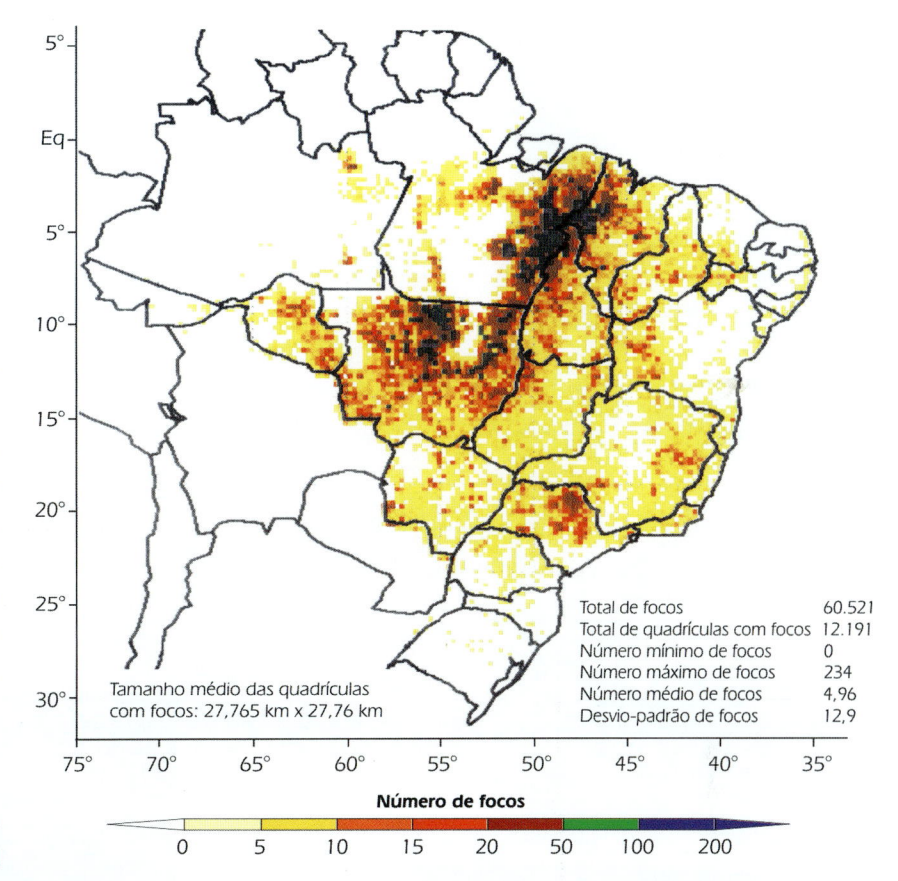

Em 2004 foi criado o novo sistema de Detecção de Desmatamento em Tempo Real (Deter). O Deter é um projeto do Inpe/MCT, com apoio do MMA e do Ibama, e faz parte do Plano do Governo Federal de combate ao Desmatamento da Amazônia. Nesse projeto, utilizam-se, principalmente, imagens WFI-CBERS e Modis (dos satélites Terra e Aqua). As informações geradas pelo programa Deter, quase em tempo real, estão disponíveis para consulta no endereço <http://www.obt.inpe.br/deter/index.html>.

6.4 Erosão e Escorregamento de Encostas

A erosão da superfície terrestre é um fenômeno natural que consiste na desagregação ou decomposição das rochas, no transporte do material desagregado e na deposição desse material nas partes mais baixas do relevo. Os agentes naturais da erosão são: a água (superfi-

Iniciação em Sensoriamento Remoto

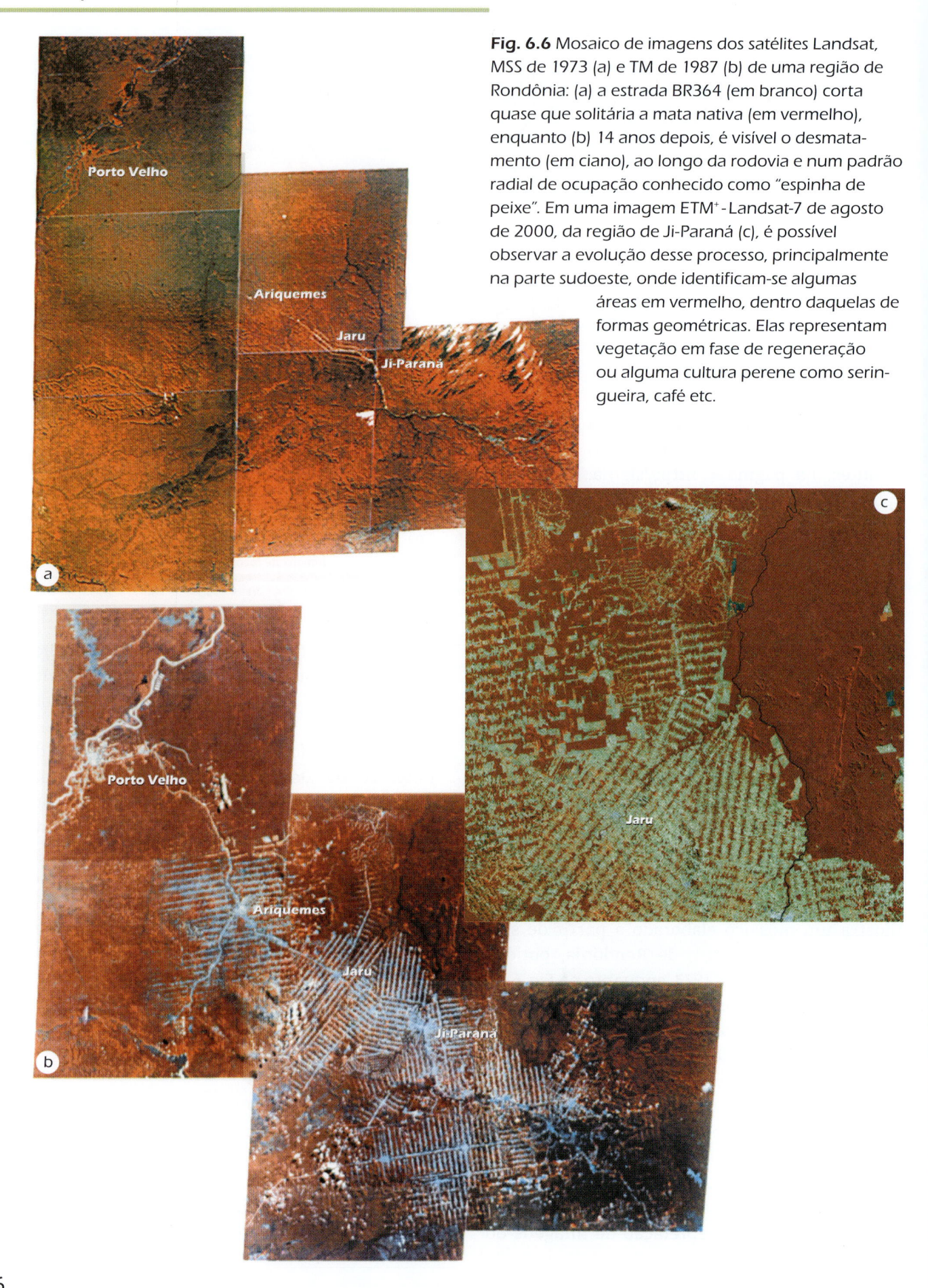

Fig. 6.6 Mosaico de imagens dos satélites Landsat, MSS de 1973 (a) e TM de 1987 (b) de uma região de Rondônia: (a) a estrada BR364 (em branco) corta quase que solitária a mata nativa (em vermelho), enquanto (b) 14 anos depois, é visível o desmatamento (em ciano), ao longo da rodovia e num padrão radial de ocupação conhecido como "espinha de peixe". Em uma imagem ETM+-Landsat-7 de agosto de 2000, da região de Ji-Paraná (c), é possível observar a evolução desse processo, principalmente na parte sudoeste, onde identificam-se algumas áreas em vermelho, dentro daquelas de formas geométricas. Elas representam vegetação em fase de regeneração ou alguma cultura perene como seringueira, café etc.

Capítulo 6 - O Uso de Imagens no Estudo de Fenômenos Ambientais

cial e subsuperficial), as ondas, as correntes e marés, o vento, as geleiras e a ação da gravidade. O tipo e a intensidade da erosão variam de acordo com a resistência das rochas, as propriedades dos solos (profundidade, textura etc.), as características do relevo (principalmente altura, ou comprimento, e inclinação das encostas), a intensidade e distribuição espacial das chuvas e a densidade de cobertura vegetal. Além desses fatores, o uso do solo pelo homem exerce uma influência direta no processo de erosão. À medida que a cobertura vegetal é retirada e substituída por pastagens, culturas e outros usos, aumenta a intensidade dos processos de erosão, que podem ser estudados e monitorados com a ajuda de imagens de sensores remotos.

Nas Figs. 6.7 e 6.8, podemos verificar

Fig. 6.7 Imagem ETM⁺-Landsat-7 (a), 25/3/2001; fotografia aérea pancromática (b); fotografias de campo (c, d). Podemos verificar as marcas de escorregamento de encostas no município de Caraguatatuba (SP). Tanto na imagem quanto na fotografia aérea, as áreas mais claras que contrastam com a vegetação da mata atlântica, na serra do Mar, representam, na sua maioria, cicatrizes de escorregamento

as marcas de deslizamento de encostas (terra) nos municípios de Caraguatatuba (SP) e Nova Friburgo (RJ), respectivamente, em imagens de sensores remotos. Observe que, muitas vezes, esse tipo de processo atinge dimensões tão grandes que é possível identificar as áreas afetadas não só por meio de fotografias aéreas (Fig. 6.7b) e imagens de satélite de alta resolução espacial (Fig. 6.8), como também em imagens de satélites de média resolução espacial (Fig. 6.7a). A partir da interpretação de imagens de sensores remotos, podemos mapear as áreas submetidas aos processos de erosão. Com o uso de um SIG podemos integrar essa informação com outras como, por exemplo, índice de chuva, inclinação de encostas, e gerar um mapa de áreas de risco de erosão. Nesse tipo de mapa, são destacadas as áreas suscetíveis aos deslizamentos de encostas.

6.5 Inundação

A inundação é um fenômeno natural que ocorre quando a vazão ultrapassa a capacidade dos canais de escoamento das águas (rios e lagos). Como destacado anteriormente, esse fenômeno pode ser intensificado pelo homem, por meio do desmatamento, do uso agrícola, da urbanização e de obras hidráulicas. A cobertura vegetal intercepta parte da precipitação e retarda o escoamento das águas da chuva, enquanto as superfícies impermeabilizadas das áreas urbanas aceleram o escoamento das águas e, consequentemente, a vazão dos rios. No caso do desmatamento, além do efeito semelhante ao da urbanização, ele provoca um aumento na erosão do solo e o assoreamento do leito dos rios, o que eleva os seus níveis e contribui, portanto, para aumentar a área inundada.

A água e as áreas de solo úmido são mais bem destacadas em fotografias e imagens obtidas na faixa do infravermelho próximo. Isso pode ser observado na imagem TM do canal 4 (infravermelho próximo) do rio Parnaíba (Fig. 6.9b). Essa imagem foi tomada após uma grande cheia que ocorreu no ano de 1985 e inundou grande parte da região Nordeste. Na Fig. 6.9a, está uma imagem TM do canal 4 da época de vazante, período em que o leito do rio é mais baixo. Na imagem colorida (canais 3, 4 e 5 com as cores azul, verde e vermelha, respectivamente) da época da inundação (Fig. 6.9c),

Fig. 6.8 Imagens de Nova Friburgo (RJ) de alta resolução espacial (0,5 m) obtidas do satélite americano GeoEye-1 antes (a) e depois (b) e (c) dos deslizamentos ocorridos em janeiro de 2011. Uma visão mais ampla das marcas (cicatrizes) desse processo pode ser obtida no vídeo produzido pelo Inpe com essas imagens integradas a um MDE (http://www.youtube.com/watch?v=Dkn1vhCFspI)
Fonte: Imagens cedidas pela United States Geological Survey (USGS) e processadas pelo Inpe (http://www.dpi.inpe.br/public/MCT_Envento_rio_Jan2011).

Capítulo 6 - O Uso de Imagens no Estudo de Fenômenos Ambientais

também é possível identificar as marcas resultantes desse fenômeno.

A partir da interpretação de imagens de sensores remotos, podemos mapear a área atingida por uma determinada inundação, o tipo de uso da terra na área etc. Em virtude da frequência de cobertura de nuvens em épocas de inundação, existe dificuldade na aquisição de imagens livres de nuvens. Nessa situação, as imagens de radar são de grande utilidade (Fig. 6.10). Essas informações, juntamente com as obtidas de outras fontes como, por exemplo, dados de chuva e de vazão de rios, podem ser integradas por meio de um SIG. Dessa forma, é possível elaborar um mapa de áreas de risco de inundação, ou seja, um mapa no qual estão destacadas as áreas com maior probabilidade de serem atingidas por inundações. Mapas desse tipo, bem como os de risco de erosão, servem de subsídio ao planejamento do uso da terra de ambientes urbanos e rurais.

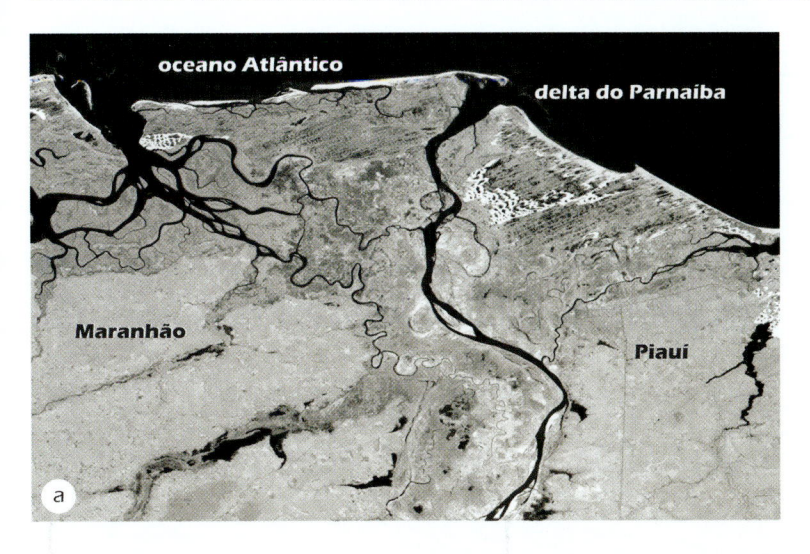

Fig. 6.9 Imagem TM-Landsat-5 do rio Parnaíba no período de vazante (a), 14/6/1990; do período de cheia (b), 31/5/1985; e imagem colorida na mesma data (c). Na imagem em preto e branco do canal 4, a área inundada é representada por tons de cinza-escuro, enquanto na imagem colorida ela é representada em azul. A água do rio Parnaíba, em azul, indica grande quantidade de material em suspensão. É possível acompanhar a pluma de material no oceano Atlântico e determinar a direção dos ventos na região. Na imagem colorida, é possível ainda separar as nuvens (em branco) e suas respectivas sombras (em preto), que, na imagem em preto e branco, se confundem com a água (em preto); a vegetação de mangue, em verde-escuro; o cerrado, em verde-claro; e a área urbana e aquelas desmatadas/ocupadas, em rosa (magenta). As grandes extensões de praias e dunas aparecem em branco

Iniciação em Sensoriamento Remoto

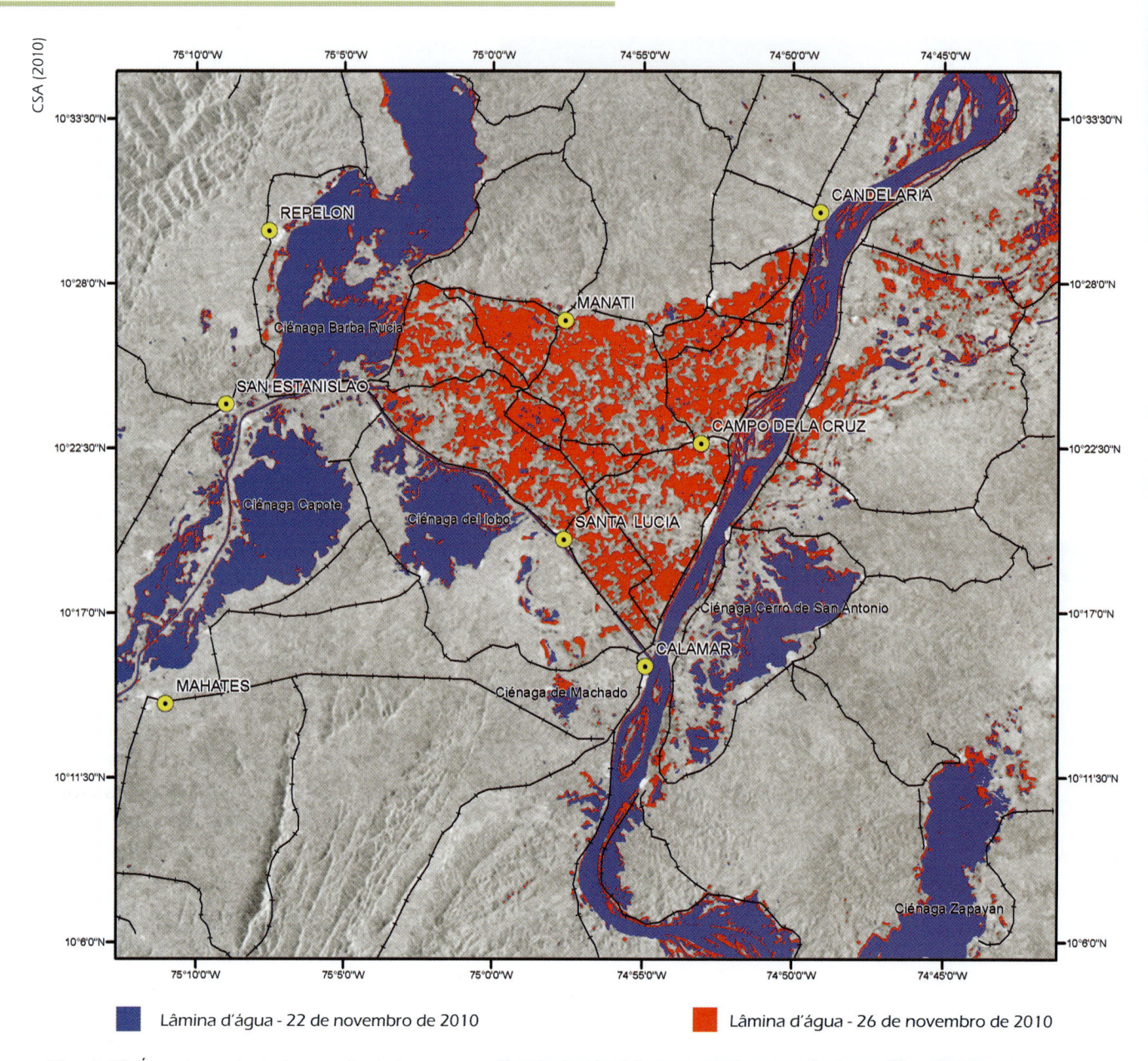

Fig. 6.10 Área inundada (vermelho) de uma região da Colômbia, mapeada a partir da análise de imagem Radarsat-2
Fonte: Carta-imagem elaborada por Conae (2010).

Capítulo 7
O USO DE IMAGENS NO ESTUDO DE AMBIENTES NATURAIS

As imagens de satélites proporcionam uma visão sinóptica (de conjunto) e multitemporal (de dinâmica) de extensas áreas da superfície terrestre. Elas mostram os ambientes e a sua transformação, e destacam os impactos causados por fenômenos naturais e pela ação do homem com o uso e a ocupação do espaço. Os elementos da paisagem mais visíveis em imagens de satélites e fotografias aéreas são o relevo, a vegetação, a água e o uso da terra. Neste capítulo, vamos mostrar exemplos de ambientes naturais a partir de imagens obtidas por sensores remotos, nos quais se destacam a estrutura geológica, os recursos minerais, o relevo, a vegetação e a água. O uso da terra é destaque nos ambientes transformados, abordados no próximo capítulo.

Em razão das diferentes combinações entre os vários elementos da superfície terrestre (rochas, solos, relevo, vegetação e clima), existe uma diversidade de ambientes naturais, que se referem a áreas da superfície terrestre que ainda não foram modificadas pelo trabalho do homem. Atualmente, poucos são os ambientes ou paisagens que se encontram nessas condições, destacando-se as regiões cobertas permanentemente com gelo, as altas montanhas, as áreas de deserto e aquelas cobertas pelas florestas tropicais úmidas, representadas na Fig. 7.1.

Para compor a imagem dessa figura, devido ao problema de cobertura de nuvens, foi necessário utilizar várias imagens de satélites meteorológicos. Como a Terra está representada

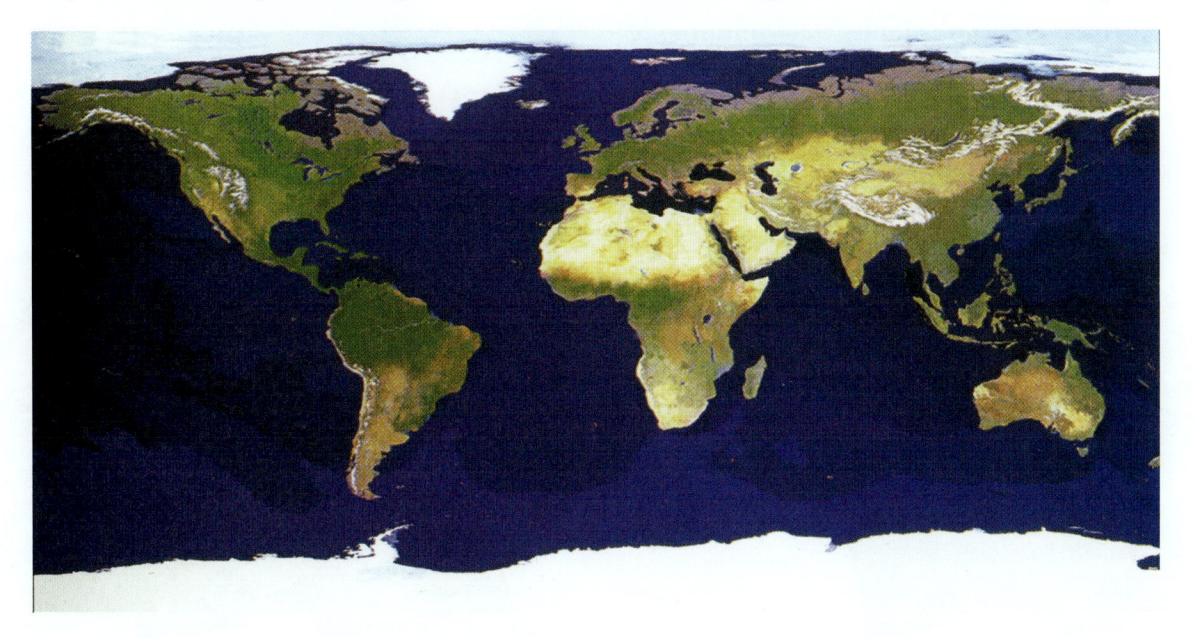

Fig. 7.1 Planisfério elaborado com imagens de satélites meteorológicos. As imagens foram coloridas por meio de programas de processamento de imagens digitais

em uma superfície plana, ela pode ser considerada um planisfério, porque, como o próprio nome indica, é a representação da esfera em uma superfície plana.

Na figura, podemos ver claramente as águas azuis dos oceanos, as áreas verdes dos continentes, as áreas desérticas (amarelo-claro) e as neves das montanhas (em branco). Na repartição entre água e terra, destaca-se a área ocupada pelos oceanos, 73%, que é bem maior do que aquela ocupada pelos continentes e ilhas (terras emersas), 27%. Podemos identificar os continentes pela sua forma e observar os contornos da América do Sul e do litoral do Brasil.

7.1 Florestas Tropicais

O ambiente das florestas tropicais úmidas, como o da Amazônia (Fig. 7.2), caracteriza-se por um clima quente e úmido, com temperatura média anual em torno de 26°C e precipitações acima de 2.000 mm ao ano, por uma extensa rede hidrográfica (1/5 da água doce da Terra corre nos rios que drenam a bacia Amazônica), e por uma rica biodiversidade, isto é, grande diversi-

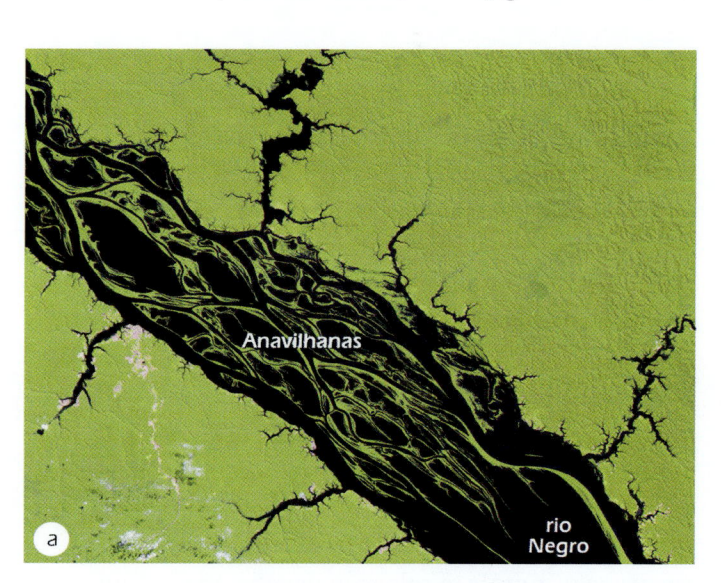

Fig. 7.2 Mosaico de imagens TM-Landsat-5 da planície amazônica, com os elementos naturais, como o relevo plano da planície amazônica (textura lisa), rios de água limpa (azul-escuro/preto), rios com material em suspensão na água (em azul) e a vegetação da floresta equatorial (em verde). As cidades, os cerrados e os campos nativos (Ilha de Marajó) variam em tonalidades de rosa. Note também as nuvens em branco. Detalhe (a) do arquipélago das Anavilhanas, TM-Landsat-5, 11/8/1999, e vista aérea (b) da área que é uma estação ecológica. As ilhas desse arquipélago são faixas de terras estreitas e longas, cobertas de densa mata formando desenhos numa configuração única no mundo
Fonte: Shimabukuro, 2002.

Capítulo 7 - O Uso de Imagens no Estudo de Ambientes Naturais

dade de espécies vegetais e animais. Esse tipo de ambiente ocorre em vários países da América do Sul: Bolívia, Brasil, Colômbia, Equador, Guiana, Guiana Francesa, Peru, Suriname e Venezuela.

Os elementos naturais da Amazônia são interdependentes, formando um ecossistema integrado, cuja vegetação exuberante desempenha um papel essencial. Ela protege e nutre o solo, além de contribuir para a umidade do ar, que, por sua vez, contribui para o alto índice pluviométrico e a rica rede hidrográfica desse ecossistema. Com a destruição da floresta, milhares de espécies vegetais e animais são extintos; diminui a umidade e, consequentemente, os índices de precipitação, além de provocar o empobrecimento dos solos, que perdem a proteção e os nutrientes fornecidos pela vegetação densa. Dessa maneira, a destruição da floresta, que ocorre em ritmo acelerado, contribui também para o aquecimento da atmosfera, e rompe o equilíbrio do ecossistema. O rompimento desse equilíbrio tem implicações globais, portanto, a preservação da floresta é uma necessidade ambiental do planeta Terra.

Na Fig. 7.2, a planície do rio Amazonas está representada em um mosaico elaborado com imagens TM-Landsat-5. Com a ajuda de um mapa do Brasil, podemos localizar e identificar os rios formadores do rio Amazonas e seus principais afluentes (margem esquerda e margem direita), as principais cidades (Manaus, Santarém, Macapá e Belém), a foz do rio Amazonas e a ilha de Marajó, situada junto à foz.

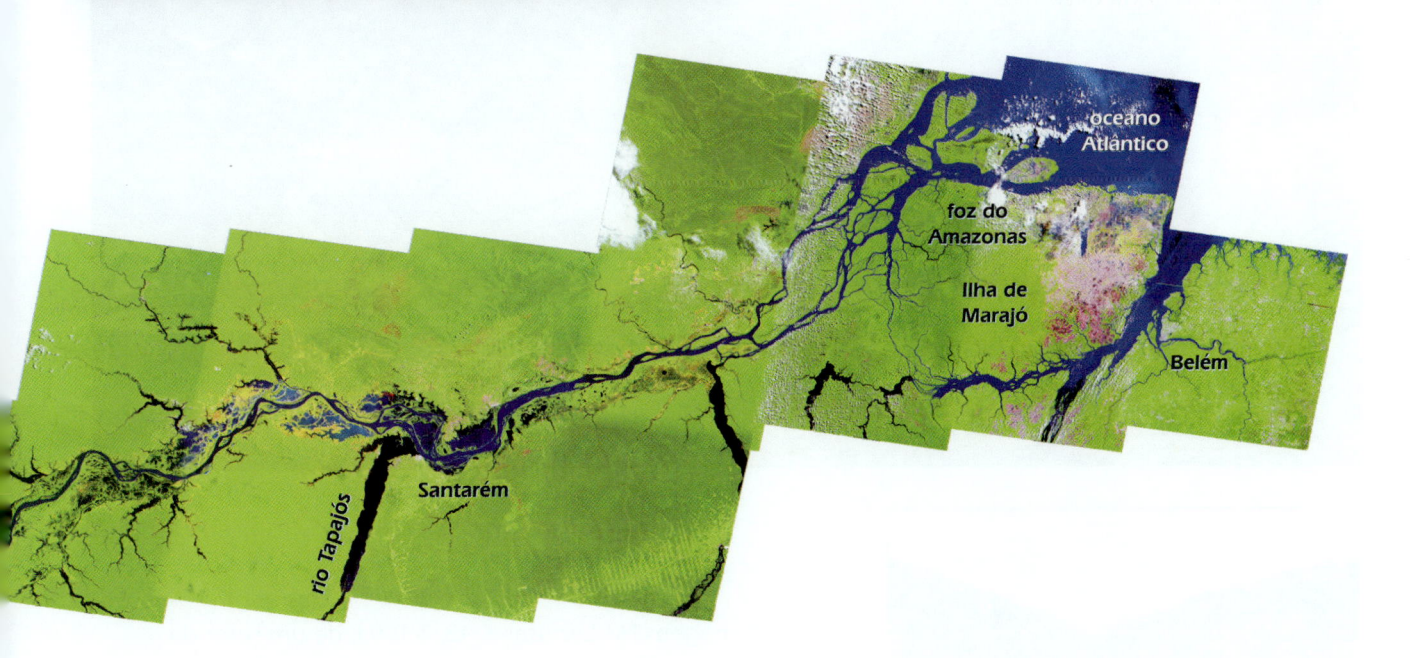

A mata atlântica é outro exemplo de um ambiente de floresta tropical (Fig. 7.3), semelhante ao que ocorre com a floresta amazônica, pois reúne formações vegetais diversificadas e heterogêneas. Além de três tipos de florestas (florestas ombrófilas densas, ao longo da costa; florestas semidecíduas e decíduas, pelo interior do Nordeste, Sudeste, Sul e partes do Centro-Oeste; florestas ombrófilas mistas – floresta de araucária – no Sul do Brasil), ela inclui restingas e mangues do litoral, bem como enclaves de cerrado, campos e campos de altitude. O ecossistema da mata atlântica estende-se do Rio Grande do Norte ao Rio Grande do Sul. Ele é considerado um dos mais importantes ecossistemas do Planeta e é um dos mais ameaçados. Esse ambiente foi intensamente devastado, sendo mais preservado em parques nacionais e na serra do Mar, onde o relevo montanhoso dificulta a exploração florestal e a ocupação humana em geral. Mais informação sobre esse ecossistema pode ser encontrada no Atlas dos Remanescentes Florestais da Mata Atlântica, elaborado pela SOS Mata Atlântica e pelo Inpe: <http://www.sosmatatlantica.org.br/>.

7.2 Mangues

A vegetação dos ambientes de mangue é característica de áreas litorâneas, periodicamente alagadas pelas águas de rios e marés, e adaptada às condições de salinidade. Os manguezais são áreas de criação, refúgio permanente ou temporário para muitas espécies de peixes, crustáceos ou moluscos capturados pela

Fig. 7.3 Imagem TM-Landsat-5, 18/7/1994, de um setor da serra do Mar no Estado do Paraná. O relevo é destacado com elementos de textura e sombra: a textura lisa representa a planície costeira e a textura rugosa, a serra do Mar. Pela cor verde, identificamos a vegetação da mata atlântica; as áreas de mangue, em verde-escuro; e a cidade de Paranaguá, em rosa. A foto (a) mostra o aspecto da vegetação de mata atlântica

CAPÍTULO 7 - O Uso de Imagens no Estudo de Ambientes Naturais

pesca. Diversas espécies desovam nas regiões de mangue, onde larvas e filhotes vivem sua fase inicial. Como muitos peixes e moluscos reproduzidos nos manguezais servem de alimentos para outros seres vivos que habitam os mares e oceanos, eles têm uma importância muito grande na cadeia alimentar. A maioria dos peixes tem no mangue o estágio inicial de sua cadeia alimentar.

Sem os manguezais, a vida dos oceanos, que a cada ano fornece ao homem duzentos milhões de toneladas de alimentos, estaria ameaçada. Apesar de sua importância, os manguezais estão entre os ecossistemas mais devastados do Brasil. O ambiente de mangue é também o hábitat de inúmeras espécies de animais ameaçados de extinção, principalmente aves. Como podemos observar na Fig. 7.4, esse tipo de ambiente destaca-se em imagens de satélites, pela sua forma irregular, pela cor mais escura que a dos demais tipos de vegetação, por causa da influência da água existente nesses ambientes, e pela sua localização junto ao litoral. A partir da interpretação dessas imagens, é possível mapear e monitorar os manguezais.

Fig. 7.4 Imagem TM-Landsat-5, 14/6/1990, do litoral maranhense. Nela podemos separar a vegetação de mangue, em verde-escuro, da vegetação de cerrado, em verde-claro, a água em azul-escuro/preto, e as praias e dunas em branco. A cor mais escura do mangue na imagem deve-se à presença de água nesse ambiente, como mostra a vista (a) e o detalhe (b)

7.3 Ambientes Gelados

Os ambientes formados pelos desertos gelados localizam-se nas regiões polares dos continentes ártico e antártico. O Ártico é, na sua maior parte, formado por um oceano congelado, enquanto a Antártica é um continente (o quinto em extensão, cerca de duas vezes a área do Brasil) recoberto por uma espessa camada de gelo. A Antártica concentra cerca de 90% do gelo e 80% da água doce da Terra, além de grandes riquezas minerais. Ambos os continentes são ambientes bastante inóspitos à ocupação humana e, por isso, sofrem pouca interferência do homem. Na Antártica, as condições climáticas são mais severas: as temperaturas podem chegar perto de −90°C e os ventos podem superar 300 km/h.

O continente antártico está representado na Fig. 7.5a por um mosaico elaborado com imagens do Radarsat-1. Estas, assim como outros tipos de imagem de satélite, possibilitam revelar feições e fenômenos até então desconhecidos, monitorar a perda de gelo e avaliar o impacto das mudanças climáticas sobre o nosso planeta. A espessa camada de gelo antártico é o principal sorvedouro do calor terrestre, influenciando o sistema climático global e, em particular, a circulação atmosférica e oceânica do Hemisfério Sul. As massas de ar frio provenientes do continente antártico controlam o clima do Hemisfério Sul. Por isso, a análise de dados meteorológicos antárticos contribui para uma previsão meteorológica mais confiável e com maior antecedência para o nosso continente.

As camadas de gelo guardam características da composição (cinza de vulcões, poeira, sais e poluentes) da atmosfera do período em que são formadas. Deste modo, pela análise de amostras de gelo formado ao longo do tempo, os pesquisadores podem reconstituir a história das mudanças climáticas sofridas pelo continente antártico e, consequentemente, a memória do planeta. Isso também se deve ao fato de que seu ambiente é muito sensível e responde rapidamente a qualquer alteração sofrida pela Terra, recebe os impactos dessas alterações e, ao mesmo tempo, controla o sistema climático terrestre e do nível dos oceanos. Assim, este continente está se transformando em um laboratório para a humanidade. Várias bases científicas estão instaladas na Antártica, inclusive uma do Brasil, situada na ilha Rei George, próxima à Península Antártica (Figs. 7.5b e 7.5c).

Fig. 7.5 Mosaico de imagens Radarsat-1 do continente antártico (a), da ASF e Radarsat International, processado pela Byrd Polar Research Center. Imagem da ilha Rei George, próxima à Península Antártica (b), obtida do satélite Spot. Na ilha, localiza-se a Estação Antártica Brasileira Comandante Ferraz (c), que é a base brasileira de pesquisa nesse continente. As imagens (d), (e) e (f) são de animais fotografados nas proximidades da Estação
Fotos: Luiz S. Mangueira.

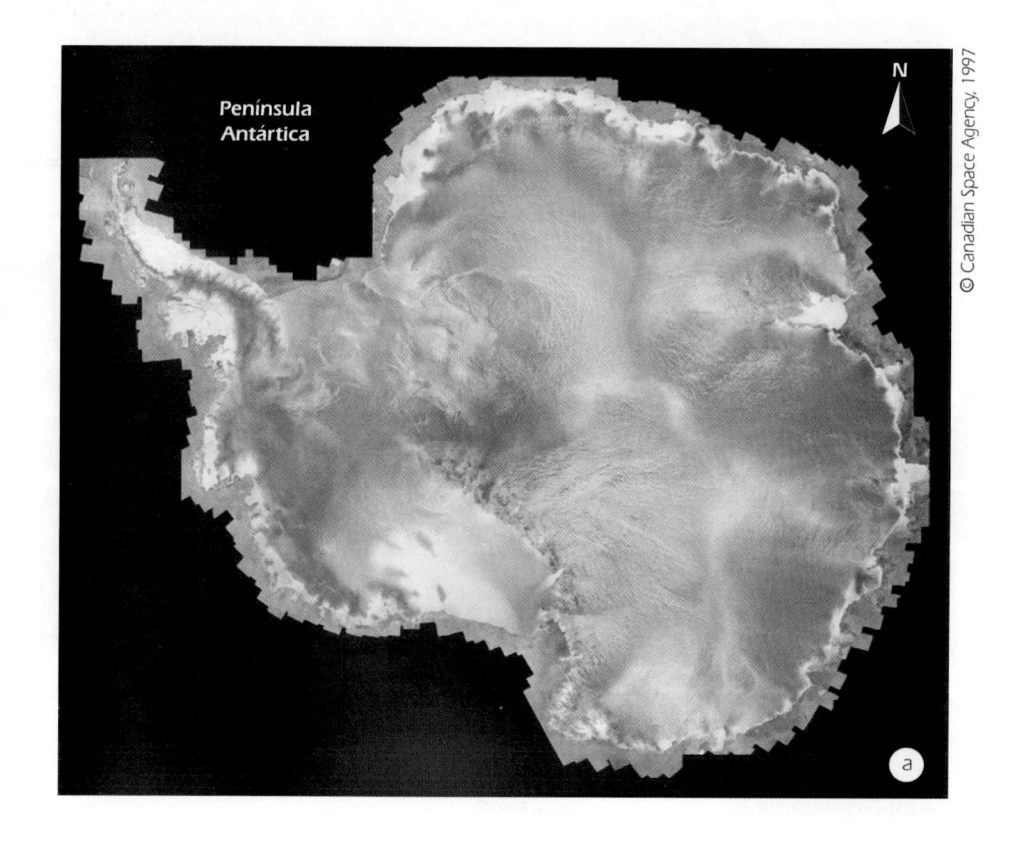

CAPÍTULO 7 - O Uso de Imagens no Estudo de Ambientes Naturais

Vista da Estação Antártica Brasileira Comandante Ferraz

Foca

Pinguins

Leão-marinho

97

A Estação Antártica Brasileira Comandante Ferraz foi instalada em 1984. Hoje possui 64 unidades, cerca de 2.000 m² de área construída, além de dois refúgios (Goeldi e Cruls) que abrigam pesquisadores em áreas de estudo afastadas da Estação. O projeto Arquiantar, de arquitetura, visa proporcionar a essas instalações conforto, eficiência e redução de impacto ambiental. Vários projetos de pesquisa são desenvolvidos na Antártica, enfocando aves, mamíferos e invertebrados marinhos, geologia, dinâmica da atmosfera, camada de ozônio, aquecimento global, gases do efeito estufa, radiação ultravioleta, correntes marinhas e interação oceano-atmosfera, entre outros. A maior parte dos projetos oferece resultados e dados de aplicação no estudo das Mudanças Globais. Todas as informações referentes à área de estudo (baía do Almirantado) que inclui a estação brasileira estão sendo reunidas e integradas por meio de um SIG. Uma mostra disso pode ser visualizada no site <http://www.ufrgs.br/antartica>, no Protótipo do Servidor de Mapas sobre a AAEG (Área Antártica Especialmente Gerenciada da baía do Almirantado).

Um dos projetos da Antártica que merece destaque é o monitoramento do "Buraco na Camada de Ozônio", fenômeno que ocorre sobre o continente antártico na primavera, entre agosto e novembro. Este fenômeno, que consiste na redução drástica e rápida da camada de ozônio, foi intensificado em consequência da produção de gases CFCs (cloro-flúor-carbono) pelo homem. Deste modo, a redução de ozônio, que ocorria somente sobre esse continente, já atinge a América do Sul, Austrália e Nova Zelândia. A extensão do buraco na camada de ozônio é monitorada por meio de dados de satélite (EP/Toms).

A beleza da fauna, das auroras e do azul do céu da Antártica, bem como os impactos ambientais nesse continente causados pelo aquecimento global, são abordados de forma atraente e didática no livro infantil de Leme (2007). Mais informações podem ser obtidas também nos livros da coleção "Explorando o Ensino", volumes 9 e 10, publicados pelo MEC (Machado e Brito, 2006; Brito, 2006).

7.4 Ambientes Áridos

Os ambientes áridos localizam-se no interior dos continentes, tanto em baixas como em médias latitudes. São formados por desertos arenosos, caracterizam-se por precipitações anuais inferiores a 200 mm e, consequentemente, a cobertura vegetal é muito escassa. Em algumas áreas, observam-se vários anos sem chuvas. Os fortes ventos que sopram nas áreas desérticas são responsáveis pela formação das paisagens de dunas (Fig. 7.6). Nesse tipo de ambiente, de escassez de chuva, a ocupação humana é pequena e depende da existência de fontes de água, aquíferos subterrâneos, para as atividades agrícolas praticadas com sistemas de irrigação.

7.5 Recursos Minerais

A visão sinóptica (de conjunto) de extensas áreas proporcionada pelas imagens de satélites constitui um grande potencial para estudos geológicos regionais. Por meio de feições e determinados padrões representados nas imagens, os intérpretes especializados em geologia identificam áreas com potencial de recursos minerais. A delimitação por meio de imagens de áreas com provável ocorrência de minerais diminui a quantidade de locais pesquisados em campo, o que permite uma economia de tempo e custo com esse tipo de trabalho, que envolve a prospecção mineral.

Exemplos de áreas de ocorrência de minerais, que podem ser identificadas por distintos padrões representados nas imagens de satélites, são mostrados nas Figs. 7.7 e 7.8. A imagem TM-Landsat-5 (Fig. 7.7) representa a região do quadrilátero ferrífero em Minas Gerais, que responde por mais de 70% da produção brasileira de minério de ferro. Na imagem TM-Landsat-5 da Fig. 7.8, podemos observar uma parte da serra dos Carajás. Por meio de prospecções geológicas, realizadas em 1966, foram inicialmente descobertas jazidas de minério de manganês nessa área. Posteriormente, foi descoberta a maior reserva de minério com alto teor de ferro do mundo, além de grandes jazidas de ouro e de minérios de cobre, de manganês, de alumínio, de níquel e de estanho.

CAPÍTULO 7 - O Uso de Imagens no Estudo de Ambientes Naturais

Não podemos esquecer, no entanto, que a exploração de recursos minerais causa impactos negativos ao meio ambiente. Várias regiões brasileiras sofrem com a destruição da vegetação, do relevo, do solo e a poluição dos recursos hídricos, em consequência das atividades de mineração. No garimpo de serra Pelada, localizado no município de Curionópolis, a 140 km de Marabá, no sul do Estado do Pará, morros inteiros foram arrasados e verdadeiras crateras foram abertas no terreno. Nesse garimpo, mais de 40 toneladas de ouro foram retiradas na década de 1980. O mercúrio, utilizado na separação do ouro em pó, retirado no leito dos rios, é uma das principais fontes de poluição das águas dos rios onde ocorre a exploração do ouro. Esses impactos ambientais podem ser estudados e monitorados com ajuda de imagens de satélites.

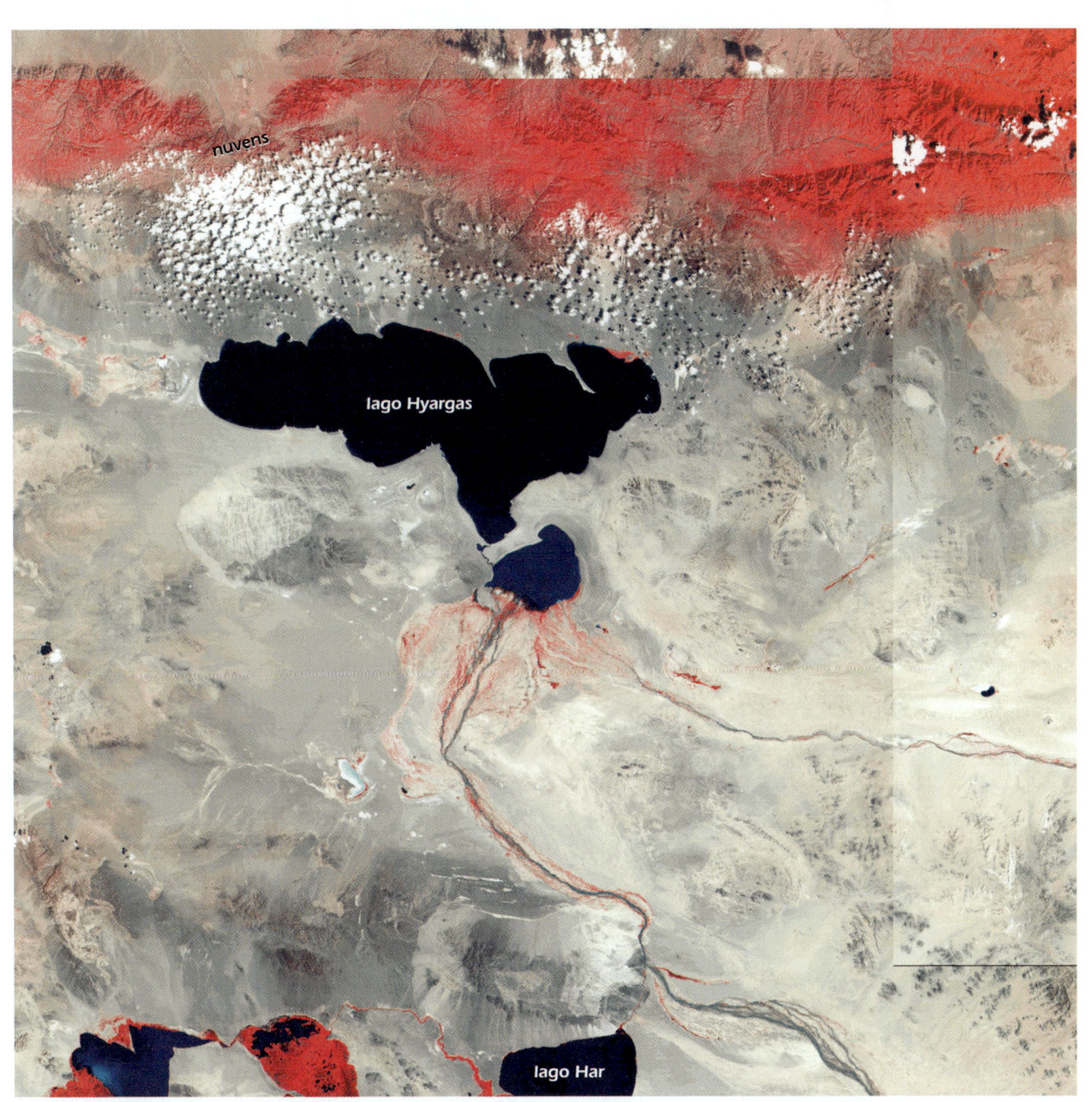

Fig. 7.6 Mosaico de imagens TM-Landsat-5, 4/8/1991 e 11/8/1991, de uma área do deserto da Mongólia. Como a vegetação está representada em vermelho, é possível identificar, em marfim e cinza, a área desértica e avaliar a sua extensão
Fonte: Shimabukuro, 1993.

Fig. 7.7 Imagem TM-Landsat-5, 16/8/1998, representando uma parte da região do quadrilátero ferrífero em Minas Gerais. Nas serras, que integram o complexo da serra do Espinhaço, ao sul de Belo Horizonte (em roxo), e que se destacam pelas formas lineares e pela cor magenta-escura, concentram-se os depósitos de ferro

7.6 Feições de Relevo e de Ambientes Aquáticos

Feições de relevo e de ambientes aquáticos, interiores e litorâneos, como ilhas, lagos, golfos, baías, restingas, meandros e foz de rios, construídos pela natureza, podem ser facilmente identificados em imagens de sensores remotos. Com alguns exemplos, é possível perceber que, ao interpretar imagens dessas feições, o seu significado torna-se mais claro.

Na Fig. 2.8 (Cap. 2), observamos a ilha de São Sebastião, representada em uma imagem do CBERS. Neste capítulo, é possível analisar, na imagem TM-Landsat-5 da Fig. 7.9, a ilha de Santa Catarina, onde localiza-se a cidade de Florianópolis. Comparando essas duas imagens, podemos observar que a ilha de São Sebastião, a maior ilha oceânica do Brasil, caracteriza-se pelo predomínio de costas altas (falésias) da vegetação da mata atlântica, enquanto na ilha de Santa Catarina predominam as costas baixas (praias), e embora tenha também a presença dessa mata, ela se encontra mais alterada pela ocupação humana. Na imagem TM-Landsat-5 da Fig. 7.10, podemos identificar, além da baía de Guanabara, localizada no litoral do Estado do Rio de Janeiro, a Ilha do Governador, as lagoas de Rodrigo de Freitas, Maricá e Guarapina, a restinga de Marambaia, entre outras feições.

A forma e o tipo de foz dos rios é outro aspecto bem destacado em imagens de sensores remotos, como podemos observar nas imagens das Figs. 7.11, 7.12 e 7.13.

Um setor anastomosado (curso d'água ramificado em múltiplos canais pequenos e rasos) do rio São Francisco, a montante da represa de Sobradinho, que corta a região semiárida do norte da Bahia, pode ser claramente observado na Fig. 7.11a. Em 7.11b, é possível observar os meandros (curvas formadas pelos rios em áreas

CAPÍTULO 7 - O Uso de Imagens no Estudo de Ambientes Naturais

Fig. 7.8 Imagem TM-Landsat-5, 22/6/1992, da serra dos Carajás, representada pela textura rugosa. Podemos observar, em vermelho, as áreas com cobertura vegetal densa; em verde, as áreas desmatadas/ocupadas; e, em azul, as áreas de concentração de minérios. Em (a), vista da serra dos Carajás. O solo enriquecido por ferro pode ser observado pela cor vermelha em (b), em que também vê-se a exuberante floresta amazônica. A jazida próxima ao núcleo urbano no alto da imagem está em exploração a céu aberto, por meio de escavação do solo em bancadas, como ilustrado pelo talude da foto (c)
Fotos (a) e (c): Edson R. S. P. Cunha; (b): Athos R. Santos.

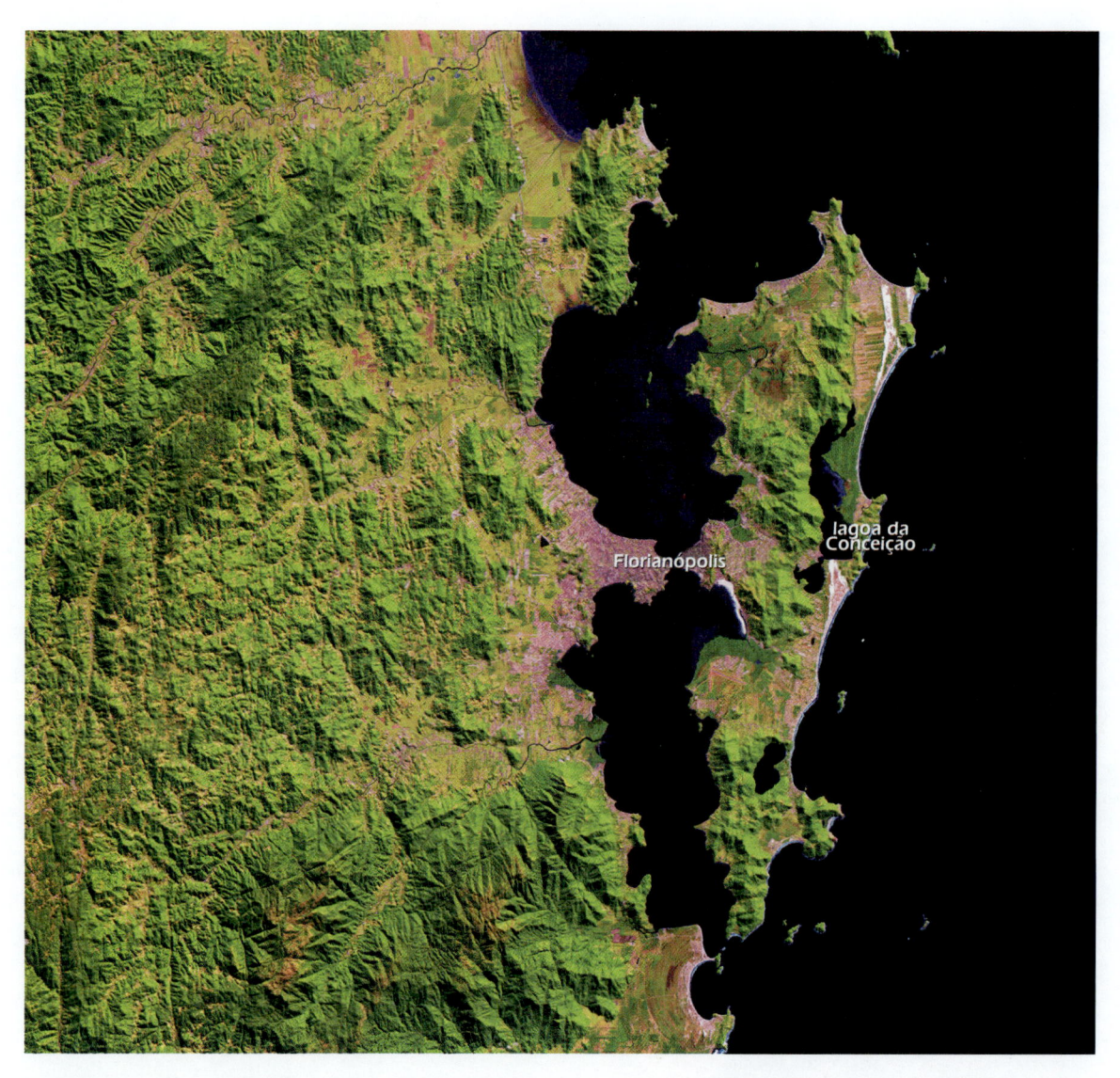

Fig. 7.9 Imagem da ilha de Santa Catarina, obtida pelo TM-Landsat-5, 30/6/1999. Podemos identificar a mata atlântica em verde, que predomina nas áreas de relevo mais acentuado (textura rugosa e sombreamento); as praias e dunas em branco; a água mais limpa e mais profunda em preto; a água com pouco material em suspensão em azul-escuro; e a área urbana em rosa

de relevo plano) do rio Verde, afluente do rio São Francisco. Na Fig. 7.11c, é possível verificar, pela cor clara do leito arenoso, cursos de água intermitentes, comuns em região semiárida.

Os rios deságuam em outros rios, lagos, mares e oceanos. A foz de um rio, que se refere ao lugar e à forma de desaguar, pode ser do tipo estuário ou em delta. A foz é em estuário quando as águas fluviais desembocam na forma de um único canal, sem encontrar obstáculos como, por exemplo, a do rio Itajaí, em Santa Catarina (Fig. 7.12). A foz em delta abre-se em leque e o rio desemboca por dois ou mais canais que contornam as ilhas resultantes da sedimentação do próprio rio, como, por exemplo, a do rio da Prata na Argentina e a do Parnaíba, que divide os Estados do Maranhão e Piauí (Fig. 7.13). Um exemplo clássico desse tipo de foz é o delta do rio Nilo, no Egito, que, devido à sua forma (semelhante à letra delta, Δ), deu origem ao nome da foz em delta.

Elementos naturais como rios e serras, que servem de limites políticos ou fronteiras entre municípios, Estados e países, podem ser demarcados a partir da interpretação de imagens de satélites e com a ajuda de mapas.

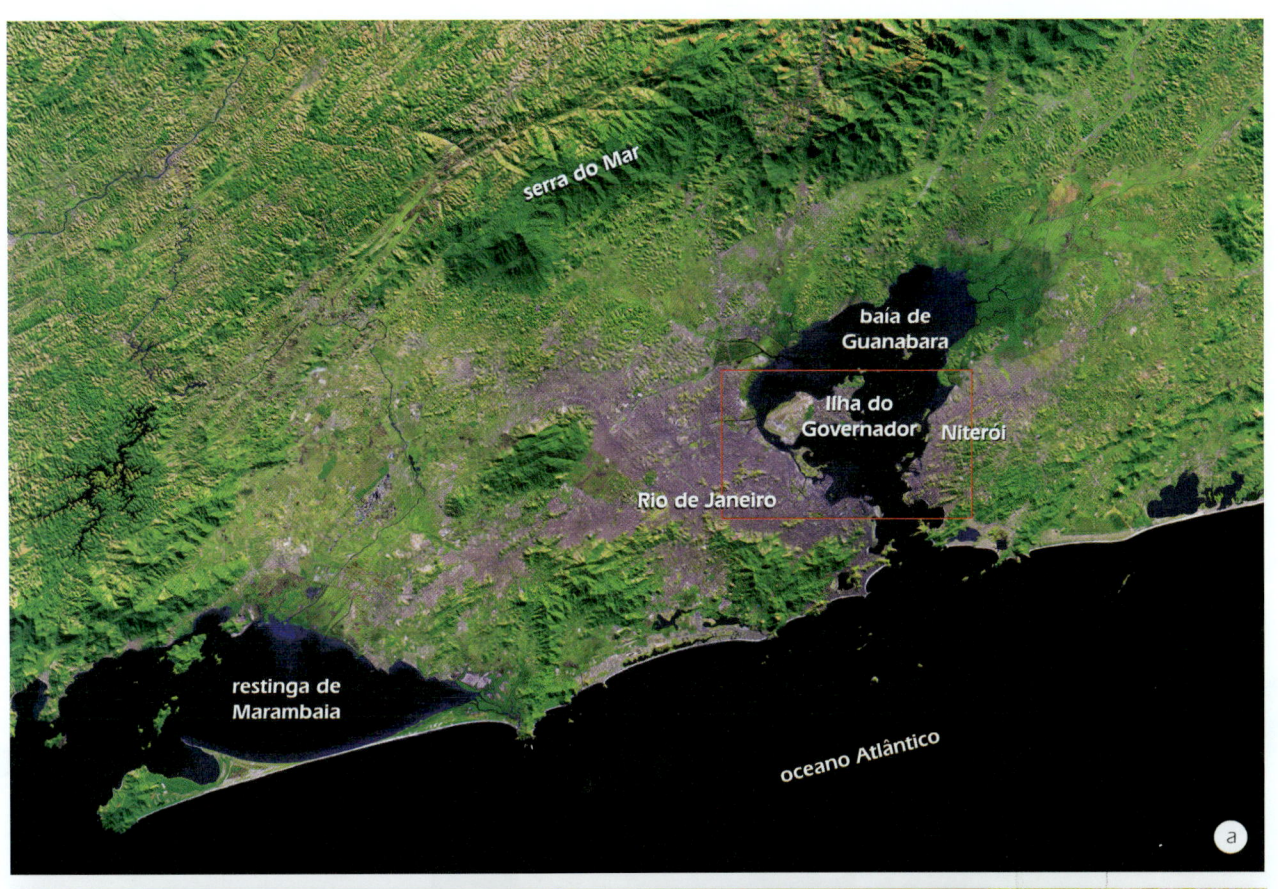

Capítulo 7 - O Uso de Imagens no Estudo de Ambientes Naturais

Fig. 7.10 Imagem do Rio de Janeiro, obtida pelo TM-Landsat-5, 8/7/1998. Podemos identificar, pela textura rugosa e pelo sombreamento, a serra do Mar, que está coberta pela mata atlântica, em verde; as áreas de vegetação menos densa, em verde-claro; as áreas de solo exposto (sem vegetação) em rosa-claro e textura lisa; as áreas urbanas, do Rio de Janeiro e de Niterói, em rosa mais escuro/violeta e textura mais rugosa. As águas mais limpas e profundas aparecem em preto, e as mais rasas, com material em suspensão e poluídas da baía de Guanabara, em azul-escuro (a). No detalhe (b), é possível identificar a Ilha do Fundão, onde se localiza a UFRJ, a ponte Rio-Niterói, os aeroportos Galeão e Santos Dumont, além dos navios na baía de Guanabara, em branco

Iniciação em Sensoriamento Remoto

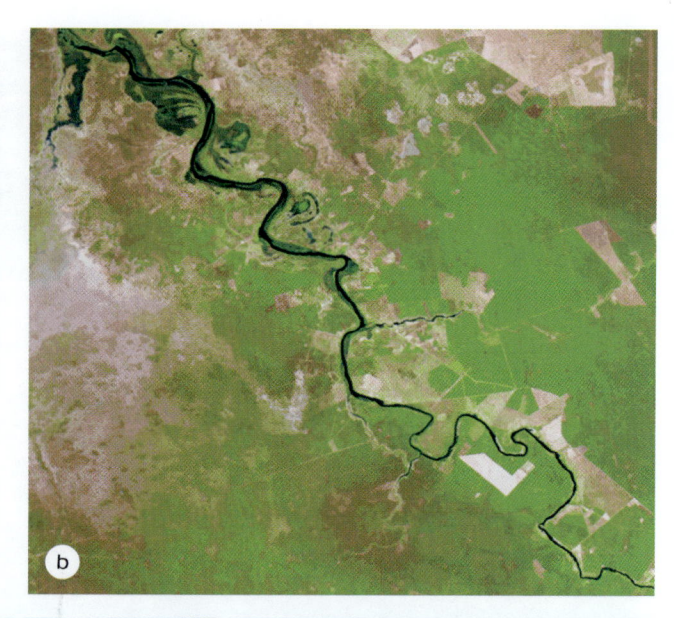

Fig. 7.11 Imagens TM-Landsat-5, 1/11/1997, de um setor do curso anastomosado do rio São Francisco, junto à represa de Sobradinho (a), dos meandros do rio Verde, seu afluente da margem direita (b), e leitos sem água de pequenos afluentes da sua margem esquerda (c). Na foto de campo (d), pode-se observar o leito raso anastomosado de um afluente do São Francisco com pouca água. Em (e) vê-se o mesmo afluente totalmente seco. Cabe destacar que essa imagem é do período de chuvas. Na seca, todos os afluentes, exceto o rio São Francisco, ficam sem água (e)

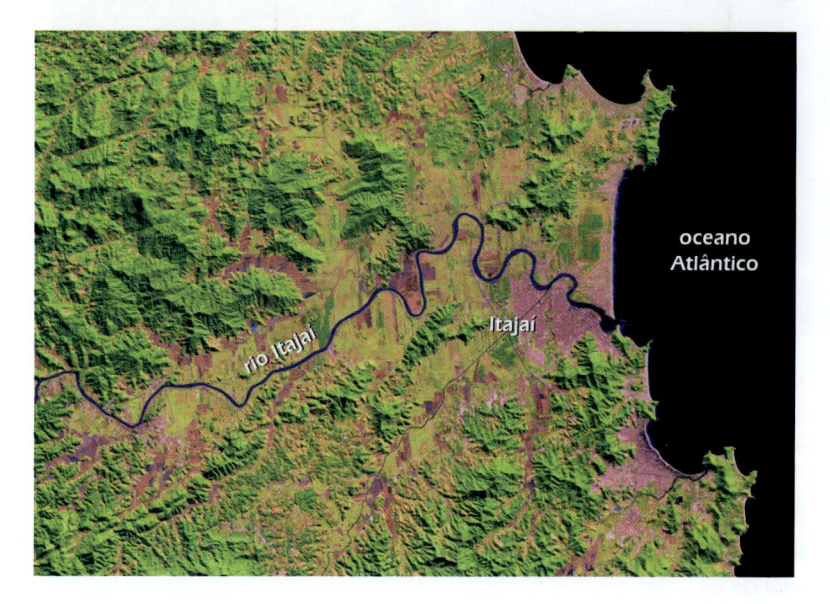

Fig. 7.12 Imagem TM-Landsat-5, 30/6/1999, do rio Itajaí, em Santa Catarina. Podemos observar a foz em estuário, e identificar a água em preto, a área urbana em rosa, as áreas agrícolas pelas formas geométricas em diferentes cores (depende do tipo de cultivo e do seu estágio) e a vegetação da mata atlântica em verde sobre a serra do Mar, destacada pela textura rugosa e pelo sombreamento

CAPÍTULO 7 - O Uso de Imagens no Estudo de Ambientes Naturais

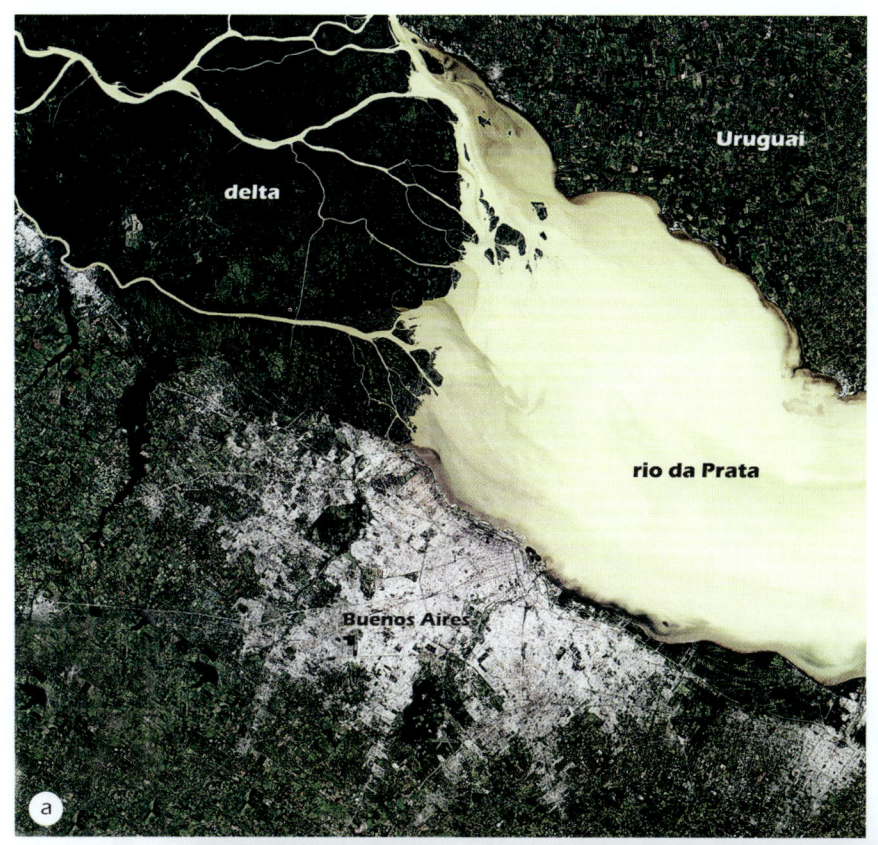

Fig. 7.13 Imagens TM-Landsat-5, do rio da Prata, 9/2/1999, na Argentina (a), e do rio Parnaíba, 31/5/1985, no Brasil (b). Podemos observar dois exemplos de foz em delta. Destaca-se, na imagem (a), a coloração amarelada do rio da Prata devido às altas concentrações de materiais e poluentes. Na imagem (b), podemos observar dunas antigas fixadas pela vegetação (em verde) formando um padrão de linhas paralelas. As dunas recentes (em branco) formam um padrão ondulado e direção perpendicular às antigas. Uma vista de campo das dunas recentes é mostrada na foto (c). A cor azul das águas do rio Parnaíba, inclusive adentrando o oceano, indica grande quantidade de material em suspensão, típica da época de cheias. Uma vista do relevo da planície fluvial pode ser apreciada na foto (d)
Fotos: Hermann Kux.

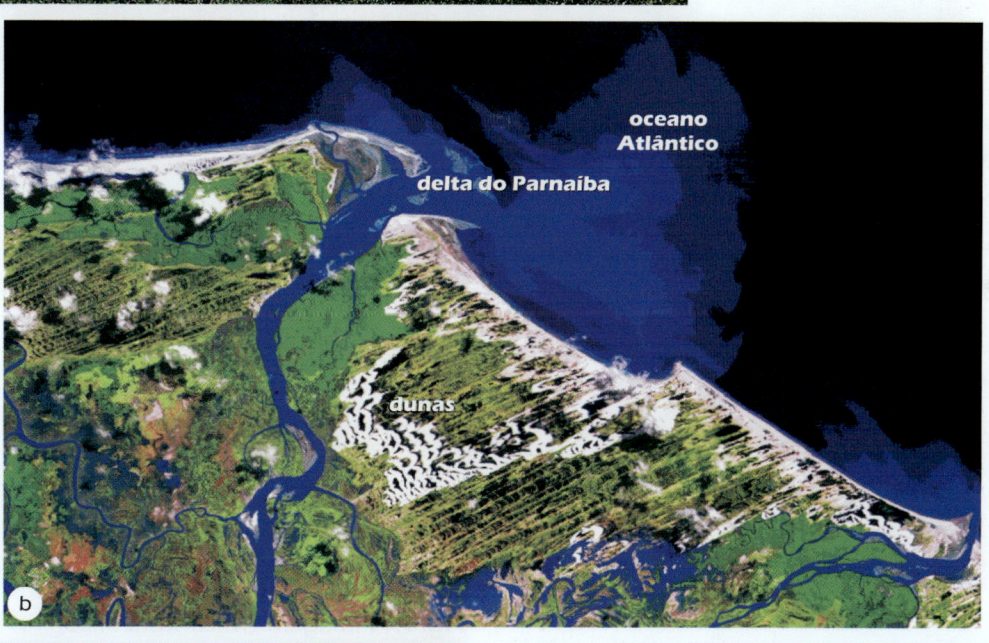

Iniciação em Sensoriamento Remoto

Na imagem da Fig. 7.14, podemos distinguir claramente o rio Paraná, que divide três países da América do Sul: Argentina, Brasil e Paraguai; o rio Iguaçu, afluente do Paraná, com seus meandros e suas cataratas; podemos observar ainda o avanço das áreas agrícolas sobre a mata, principalmente no território brasileiro, além das áreas urbanas de Foz do Iguaçu (Brasil) e Ciudad del Este (Paraguai).

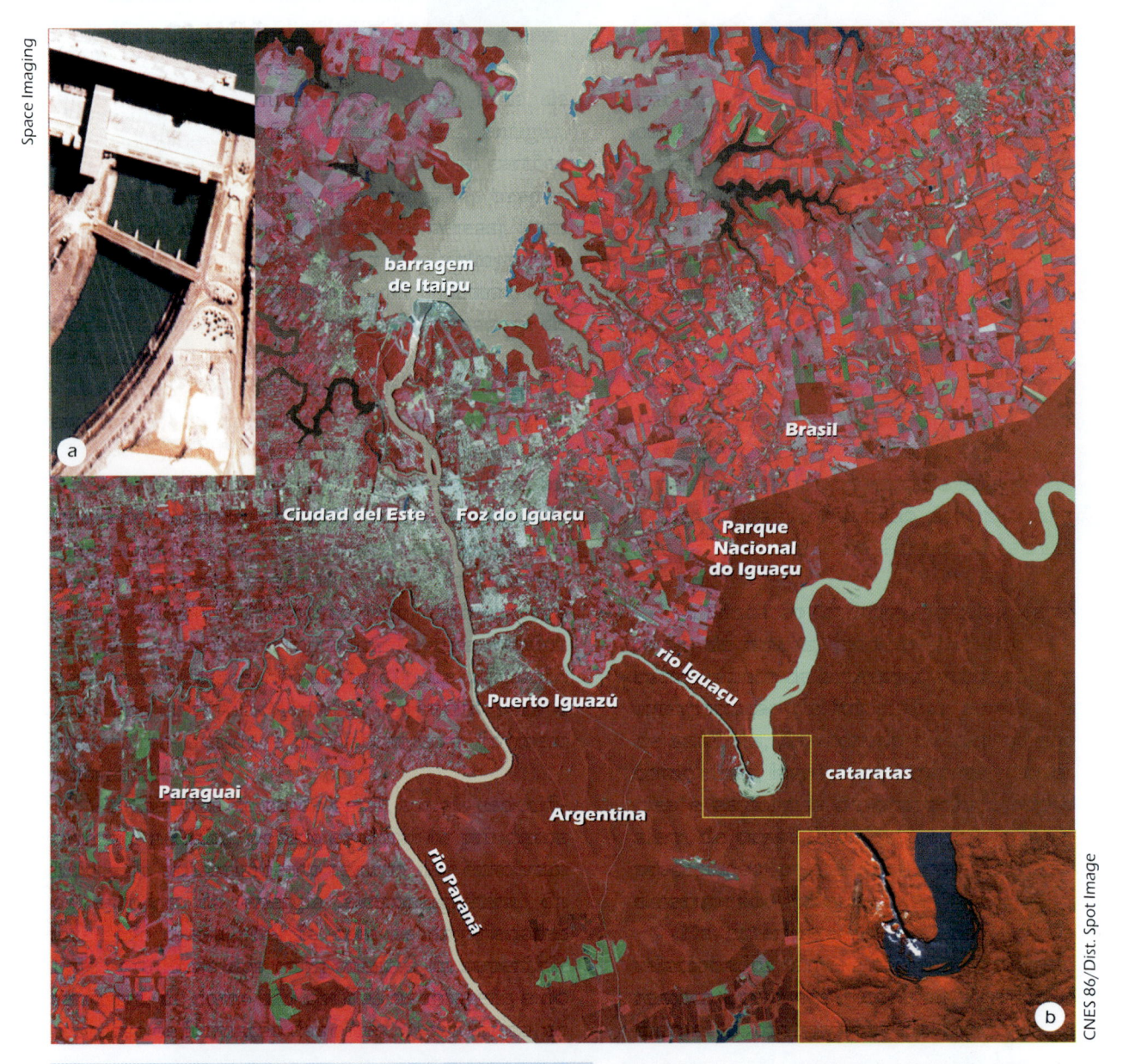

Fig. 7.14 Imagem TM-Landsat-5, 25/1/1996, da região de fronteira de três países sul-americanos e da represa de Itaipu. Podemos identificar, em vermelho, a mata atlântica; em verde-claro as áreas urbanas; também em verde e vermelho, mas com textura mais lisa e formas geométricas, as áreas agrícolas; a água limpa em preto, e aquela com material em suspensão em verde-claro. No detalhe (a), a barragem está representada pela imagem Ikonos, 20/8/2000 (cortesia Intersat). O detalhe (b), imagem Spot-1, 19/6/1986, Spot image, mostra a área das cataratas (em branco), cuja vista panorâmica é apresentada na foto (c).

Capítulo 8
O USO DE IMAGENS NO ESTUDO DE AMBIENTES TRANSFORMADOS

Os ambientes construídos ou transformados pela ação do homem ocupam cada vez mais áreas da superfície terrestre. O homem transforma os espaços por meio da derrubada das matas; implantação de pastagens e cultivos; construção de estradas, portos, aeroportos e represas; retificação e canalização de cursos d'água; exploração mineral; e implantação de indústrias e áreas urbanas. As imagens obtidas por sensores remotos contribuem na identificação desses diferentes usos do espaço terrestre, dividido em urbano e rural. O aspecto multitemporal dessas imagens permite acompanhar as transformações do espaço ao longo do tempo. Antes de abordar os ambientes tipicamente rurais e urbanos, vamos destacar os ambientes aquáticos que fazem parte das paisagens rurais e urbanas.

8.1 Ambientes Aquáticos

Os ambientes aquáticos podem ser naturais – rios, lagos, mares e oceanos – ou podem ser construídos ou transformados pelo homem – lagos artificiais, represas e rios retificados. Na comparação das imagens das Figs. 8.1a e 8.1b, podemos observar as transformações sofridas pela área representada nessas imagens, decorrentes da construção da represa de Tucuruí, no rio Tocantins, Estado do Pará. Na Fig. 8.1b, é mostrado o reservatório de Tucuruí, que é o segundo maior do Brasil, enquanto na Fig. 8.1a é mostrada a mesma área, mas anteriormente à construção desse grande lago artificial. Esse tipo de obra de engenharia afeta tanto os ambientes naturais como os rurais e os urbanos.

As represas ou reservatórios são lagos artificiais construídos principalmente para a geração de energia elétrica. O maior em extensão é o de Sobradinho, no rio São Francisco, entre os Estados de Pernambuco e Bahia.

A construção desses lagos inunda áreas muito extensas, provocando grandes impactos ambientais, como a submersão de matas, extinção e modificação na fauna e flora, a perda de solos para a agricultura e alterações no clima. A população é diretamente atingida, uma vez que povoados e cidades são inteiramente cobertos pela água e submersos na represa. Além disto, é comum a prática do desmatamento na ocupação das áreas próximas às represas. Muitos desses impactos podem ser avaliados por meio da análise de imagens de sensores remotos.

A característica multitemporal das imagens de satélites permite monitorar a variação da lâmina d'água de lagos, rios e represas, como mostrado nas imagens Landsat da Fig. 8.2, na qual podemos observar um setor da represa de Furnas, no Estado de Minas Gerais, em um ano de precipitação normal (8.2a) e em um ano de estiagem acentuada, como em 2001 (o ano do "apagão"), quando se agravou o problema energético no Brasil.

Outro aspecto que pode ser estudado e monitorado por imagens de sensores remotos é a poluição dos ambientes aquáticos, naturais ou artificiais, provocada pela descarga de fertilizantes, utilizados na agricultura, e de esgotos domésticos e industriais nesses ambientes. Como destacado no Cap. 1 (Fig. 1.3), a água limpa absorve a energia, e é representada em preto nas

Iniciação em Sensoriamento Remoto

Fig. 8.1 Imagem MSS-Landsat-2 de 1979 do rio Tocantins (a) e TM-Landsat-5 de 1988 da mesma região, após a construção da represa de Tucuruí (b). Nas duas imagens, a vegetação densa da floresta está representada em vermelho, e a água, em preto e azul-escuro, dependendo da quantidade de material em suspensão. Na imagem (b), é possível observar, além da represa, em azul-escuro, uma grande área desmatada e ocupada em torno dela. Podemos identificar também a vegetação de macrófitas aquáticas, representadas em diferentes cores de rosa e roxo, dependendo da densidade e diversidade de espécies (c). Na foto (d), é possível identificar pelo menos quatro espécies de macrófitas, recobrindo de forma contínua a água (padrão rosa), enquanto na foto (e) a cobertura vegetal é descontínua, com apenas duas espécies de macrófitas (padrão roxo). Destaca-se a frequência da *Eichhornia crassipes* (aguapé), florida, na foto (e)

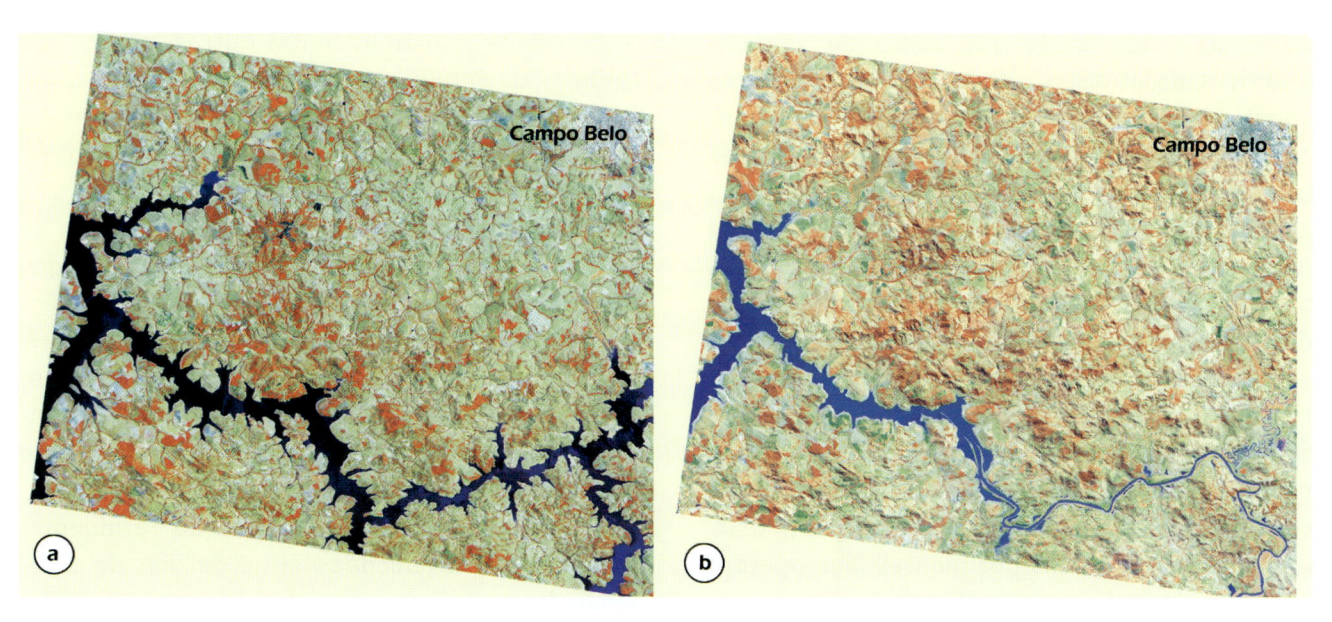

CAPÍTULO 8 - O Uso de Imagens no Estudo de Ambientes Transformados

Fig. 8.2 Imagem TM-Landsat-5 de um setor da represa de Furnas, no rio Grande, MG, obtida em 23/10/1997 (a), e imagem ETM+-Landsat-7 da mesma área, obtida em 28/9/2001 (b). Comparando as duas imagens, é possível observar a diferença na largura da lâmina d'água, em azul, entre as duas datas

imagens obtidas nas regiões do visível e infravermelho. A água túrbida, com poluentes ou materiais em suspensão (água barrenta), é representada em tons de cinza-claro, nas imagens obtidas no visível, ou em cores, dependendo da associação de cores às imagens originais (do visível) (Figs. 8.2 e 8.3).

Deve-se ressaltar que o que ocorre no ambiente aquático é, em grande parte, reflexo do tipo de cobertura e uso da terra no seu entorno. É possível, por exemplo, identificar, mapear e monitorar, por meio de imagens de sensores remotos, o uso da terra da área (bacia hidrográfica), onde o ambiente aquático se localiza. Isto facilita detectar as fontes de poluição do ambiente aquático. Para obter mais informação sobre a qualidade

Fig. 8.3 Imagem TM-Landsat-5, 25/9/1999 da lagoa dos Patos, Rio Grande do Sul. Nela podemos identificar a água limpa (em preto) e a água túrbida (em azul). As áreas de vegetação mais densa aparecem em verde, as áreas de uso agrícola, com formas geométricas e em diferentes cores, e a área urbana, em rosa-escuro

109

da água, é necessário que dados de análises químicas de amostras de água dos ambientes aquáticos, realizadas em laboratório, sejam correlacionados com dados de sensores remotos coletados na mesma data. Por outro lado, a análise prévia de imagens de datas anteriores pode ajudar na seleção e redução dos pontos de coleta e, consequentemente, diminuir o custo das análises.

A poluição da água do mar, dos oceanos e rios, por vazamentos ou derramamentos de óleo, como tem ocorrido com frequência em várias partes do mundo, também pode ser detectada com imagens de sensores remotos, particularmente aquelas obtidas por radares, que operam na região das micro-ondas (Fig. 8.4).

Um dos objetivos do estudo dos oceanos é a localização de áreas favoráveis à presença de cardumes. Existe, para cada espécie de peixe, uma faixa de temperatura considerada ótima para o seu metabolismo. As sardinhas, por exemplo, adaptam-se melhor a águas mais frias, com menos de 23°C. Dados de ambientes marinhos, como temperatura da superfície do mar, concentração de clorofila superficial, ventos e correntes marinhas, entre outros, podem ser obtidos de satélite em tempo quase real. Vários tipos de aplicação de sensoriamento remoto em oceanografia encontram-se no livro organizado por Souza (2009).

A partir da interpretação de imagens de sensores remotos, também podem ser avaliados os impactos ambientais decorrentes da exploração mineral. Como destacamos anteriormente, o mercúrio utilizado na separação do ouro em pó, retirado no leito dos rios, é uma das principais fontes de poluição das águas dos rios onde ocorre a exploração do ouro.

Um exemplo de degradação ambiental visível nas imagens de satélites decorre da atividade de extração mineral de areia no rio Paraíba do Sul, principalmente nos municípios de Jacareí, Taubaté e Caçapava (Fig. 8.5). No município de São José dos Campos, embora essa atividade esteja proibida pela legislação, é possível detectar áreas de exploração, particularmente nos seus limites com Caçapava, como podemos observar na Fig. 8.5. As lagoas que vemos nessa figura são originadas das cavas abertas para a extração de areia, e a coloração da água representa o material (areia fina) em suspensão nas lagoas.

À medida que, por meio de imagens de sensores remotos de diferentes épocas, é possível identificar o uso e a ocupação da terra e a sua transformação ao longo do tempo, elas são um recurso essencial na fiscalização do cumprimento da legislação. Como pudemos verificar no exemplo anterior, e em outros ao longo deste livro, a partir da interpretação de imagens é possível identificar áreas desmatadas, queimadas, invadidas e ocupadas ilegalmente ou exploradas de forma irregular. Dessa maneira, tanto o poder público como a sociedade podem usar esse recurso para denunciar e impedir as agressões ao meio ambiente.

8.2 Ambientes Rurais

Os ambientes rurais caracterizam-se por áreas cobertas por matas secundárias, pastagens, associadas à criação de gado, por reflorestamentos e por cultivos (Fig. 8.6). Caracterizam-se também por construções esparsas e baixa densi-

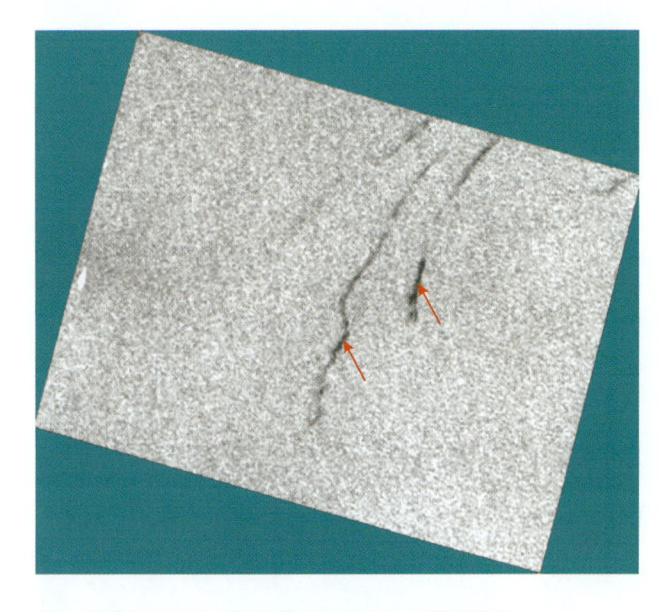

Fig. 8.4 *Imagem SAR-Radarsat-1, 6/9/1996, da bacia de Campos, no litoral do Rio de Janeiro. Nela podemos observar, em preto, manchas de óleo na superfície oceânica, representada em tons de cinza médio*
Fonte: Soler, 2000.

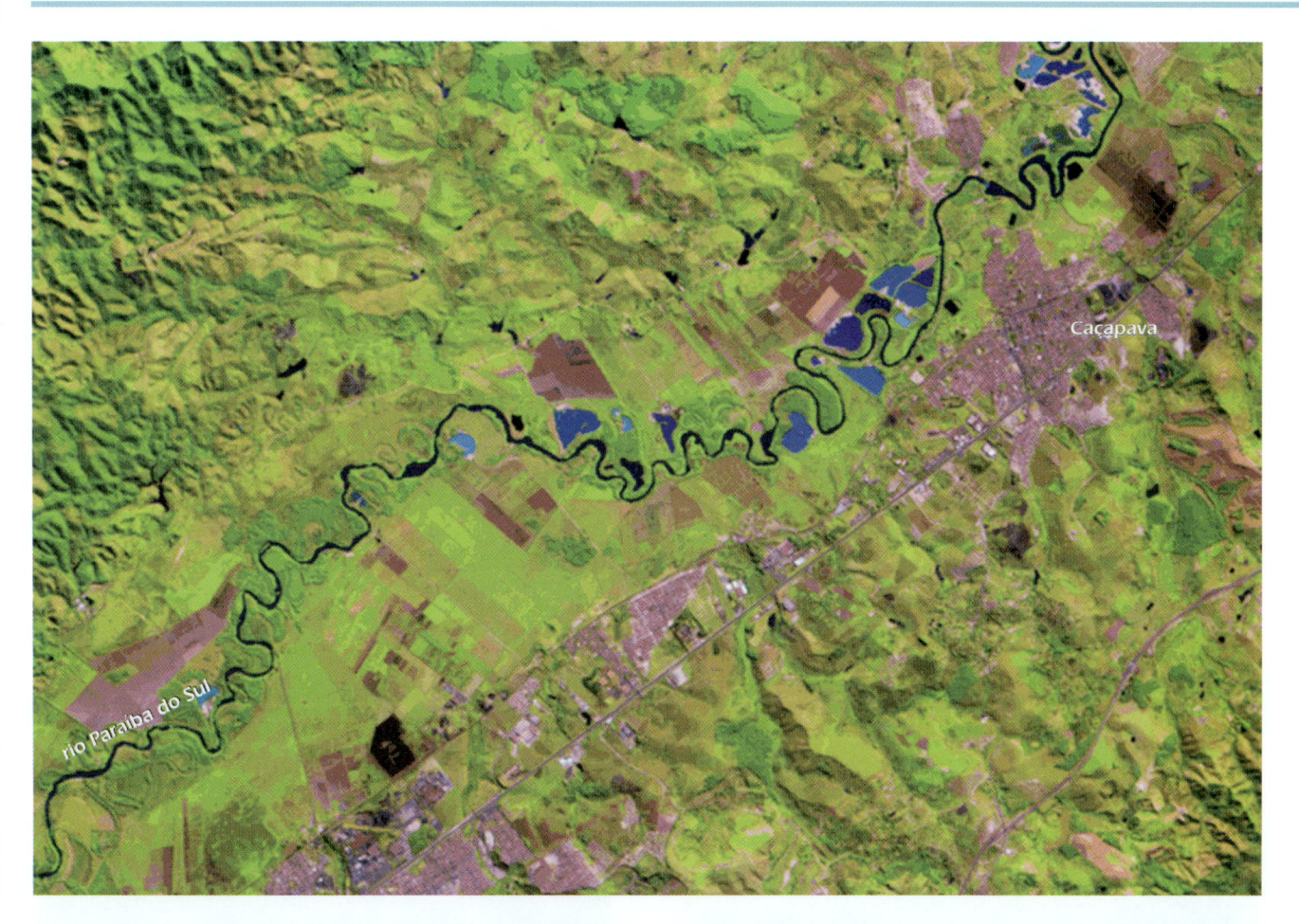

CAPÍTULO 8 - O Uso de Imagens no Estudo de Ambientes Transformados

Fig. 8.5 Imagem ETM+-Landsat-7, 7/6/2002, de um setor do rio Paraíba do Sul, nos municípios de São José dos Campos e Caçapava, no Estado de São Paulo. Podemos observar as lagoas marginais formadas em decorrência da atividade de extração de areia, representadas em azul mais claro do que aquele que representa as águas do rio. As fotos (a) e (b) mostram aspectos dessas lagoas, nas quais a coloração das águas denota a presença de material Fotos: Paulo R. Martini.

dade demográfica. As imagens de sensores remotos têm um grande potencial no estudo do uso da terra de ambientes rurais. A partir da interpretação dessas imagens, podemos identificar o tipo de uso, calcular a área ocupada com cada tipo de uso, obter uma estimativa de área plantada e da produção agrícola, além de informações sobre o vigor vegetativo das culturas, porque a energia refletida pelas culturas muda quando elas são submetidas a estresse hídrico decorrente de seca, ou ainda quando sofrem agressões por geada, granizo, ataques de pragas

Iniciação em Sensoriamento Remoto

Fig. 8.6 Imagem da região de Cornélio Procópio e Santa Mariana, no Estado do Paraná, obtida em 5/8/2001 pelo sensor Aster do satélite Terra. A paisagem é predominantemente rural, com vegetação de mata e reflorestamento em vermelho; as áreas de solo exposto aparecem em azul-claro; as áreas agrícolas, com cultivos de trigo, milho safrinha, cana-de-açúcar e café estão representadas pelas formas geométricas e em cores variadas, devido, principalmente, aos diferentes estágios em que se encontram essas culturas, como na foto (a). A cultura de cana-de-açúcar, no norte da área, pode ser identificada pela presença dos carreadores (formas lineares claras que limitam os talhões). Pelas formas lineares e em vermelho, é possível identificar os "quebra-ventos" (c), que são fileiras de árvores, chamadas popularmente de gravíleas, utilizadas para quebrar o vento e assim proteger a cultura do café, a qual pode ser discriminada das demais por estar associada a essas feições. Uma vista das gravíleas está na foto (d). Na foto (a), em primeiro plano aparece a cultura de feijão; em segundo plano, de trigo, que na imagem do satélite Terra aparece em vermelho, e ao fundo, milho (palha) e pastagem, que na imagem estão em tons de verde. O café da foto (b), ao fundo, por ser mais alto, aparece na imagem em tons de vermelho mais escuro. No primeiro plano aparece cultura de feijão e no segundo, trigo
Fotos: Marcos Adami.

etc. O aspecto multitemporal das imagens de satélites permite monitorar as mudanças que ocorrem, como, por exemplo, a substituição de mata por pastagem, de cultura por pastagem etc. Assim, podemos acompanhar as transformações dos ambientes ao longo do tempo e registrá-las

Capítulo 8 - O Uso de Imagens no Estudo de Ambientes Transformados

em mapas, de forma manual ou automática, utilizando um SIG.

O Brasil lidera mundialmente a produção e a exportação de vários produtos agropecuários, entre eles a cana-de-açúcar. O país é o maior produtor dessa cultura e o maior exportador de açúcar e álcool. O responsável por 60% de todo o açúcar e álcool produzidos no país e por 70% das exportações nacionais de açúcar é o Estado de São Paulo. Nesse contexto, cabe destacar o Canasat, projeto desenvolvido pelo Inpe de monitoramento do cultivo da cana-de-açúcar no Estado de São Paulo (desde 2003) e demais Estados da região Centro-Sul (desde 2005).

Nesse projeto são utilizadas imagens de satélite para identificar e mapear (com o uso de SIG) a área cultivada com cana-de-açúcar, gerando a cada ano (safra) mapas temáticos com a distribuição espacial dessa cultura. Informações sobre a distribuição espacial da área cultivada com cana-de-açúcar na região Centro-Sul, bem como a evolução do seu cultivo nos últimos anos, tanto por município como por Estado, estão disponíveis no site do projeto (http://www.dsr.inpe.br/canasat). Todas essas informações são utilizadas por diversos setores do agronegócio e meio ambiente, entre outros interessados. Um exemplo do resultado gerado pelo Canasat é mostrado na Fig 8.7.

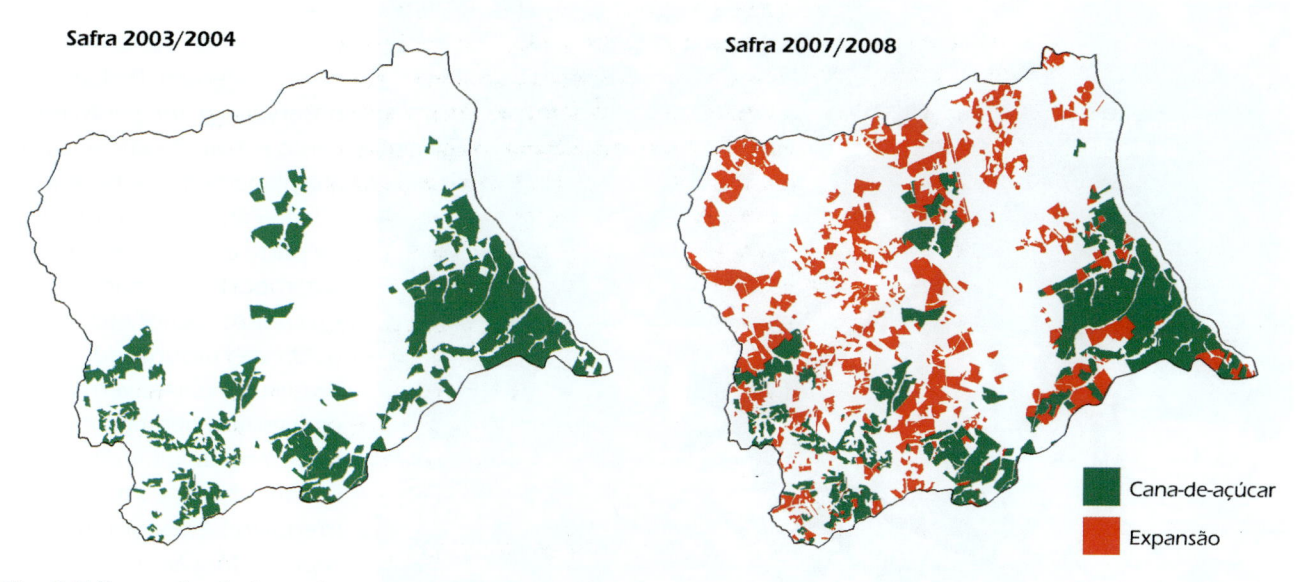

Fig. 8.7 Expansão da área plantada com cana-de-açúcar entre o período das safras de 2003/2004 e 2007/2008 no município de Barretos (SP)
Fonte: Projeto Canasat (http://www.dsr.inpe.br/mapdsr).

8.3 Ambientes Urbanos

Os espaços formados pelas cidades constituem os ambientes urbanos. Aspectos ligados à urbanização, como a localização do sítio urbano, limite da área urbana, expansão urbana e o processo de conurbação, são facilmente identificados em imagens de satélites, como podemos observar nas Figs. 8.8 a 8.12. O sítio urbano refere-se ao terreno sobre o qual se constrói uma cidade. O tipo de sítio influencia as características e a expansão de uma cidade. Por meio de imagens de satélites, é possível distinguir cidades planejadas, como Brasília (Fig. 8.9), onde o arruamento e as formas são bem definidos, de uma cidade que nasceu e se desenvolveu espontaneamente, sem um projeto estabelecido previamente, como, por exemplo, Fortaleza (Fig. 8.8), Manaus (Fig. 8.10) e São Paulo (Fig. 8.12).

No Brasil, o processo acelerado da urbanização tem provocado impactos negativos ao meio ambiente e à qualidade de vida da população. As técnicas de sensoriamento remoto contribuem efetivamente com a análise e elaboração de um

Fig. 8.8 Imagem TM-Landsat-5, 14/8/1994, da cidade de Fortaleza, um exemplo de sítio de planície litorânea. Podemos destacar, junto ao litoral, pelo padrão de arruamento, a convergência de estradas e, em violeta, a área urbana; as praias e dunas, em branco; a água, em preto e azul-escuro

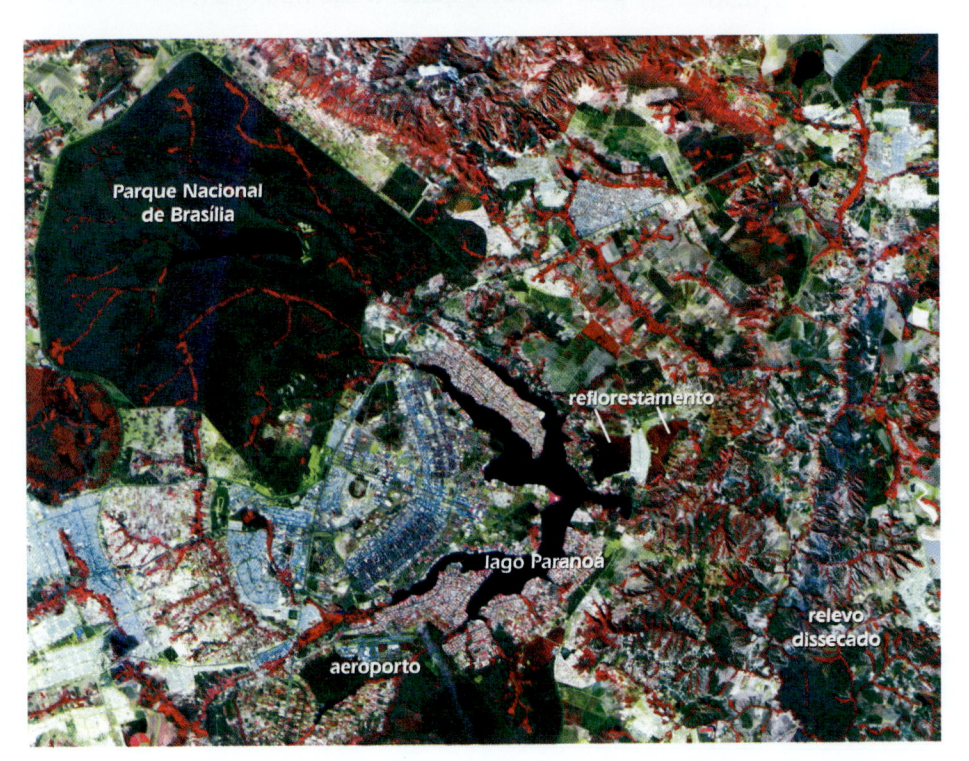

Fig. 8.9 Imagem CBERS-1 de Brasília, 31/7/2000, cidade planejada, localizada no planalto Central. Podemos observar o plano piloto (no canto e à direita encontra-se a esplanada dos Ministérios); o lago Paranoá (em preto); na parte inferior, à esquerda, o aeroporto internacional; no canto superior esquerdo, o Parque Nacional de Brasília. As partes vermelhas com formas geométricas representam áreas de reflorestamento; as de formas irregulares e textura rugosa representam áreas de relevo dissecado pela drenagem junto à qual predomina a mata ciliar (em vermelho)

CAPÍTULO 8 - O Uso de Imagens no Estudo de Ambientes Transformados

diagnóstico que subsidie o planejamento do uso do solo das áreas urbanas. A expansão da mancha urbana de uma cidade, ou seja, o crescimento da área ocupada por essa cidade, bem como a direção do crescimento (norte, sul, leste e oeste), podem ser facilmente detectadas por meio de imagens de satélites. Na Fig. 8.10a é mostrada uma imagem de Manaus obtida pelo MSS-Landsat-1 em 1973, enquanto a Fig. 8.10b mostra uma imagem de Manaus obtida pelo ETM+-Landsat-7 em 2001. Na comparação das duas imagens, é possível verificar o grande crescimento urbano dessa cidade no período de 28 anos.

Outro aspecto que pode ser observado, comparando as duas imagens, é que a da Fig. 8.10a corresponde a um período de cheia, enquanto a da Fig. 8.10b está mais próxima da época de vazante. Isso pode ser claramente verificado pelo tamanho da lâmina de água (maior em a) e das ilhas fluviais (menores em a), representadas nessas imagens.

A partir da interpretação das imagens, pode-se delimitar a mancha urbana referente às duas datas, calcular a sua área manualmente ou por meio do uso de um SIG, e definir a taxa de expansão

Fig. 8.10 Imagens de Manaus obtidas em 7/7/1973 pelo MSS-Landsat-1 (a), e em 11/8/2001 pelo ETM+-Landsat-7 (b). A vegetação da floresta está em vermelho. Observe a grande expansão urbana, em ciano, ocorrida nesse período, principalmente nos setores norte e nordeste, assim como o fenômeno do encontro das águas dos rios Negro, em preto, e Solimões, em azul, cuja junção forma o rio Amazonas

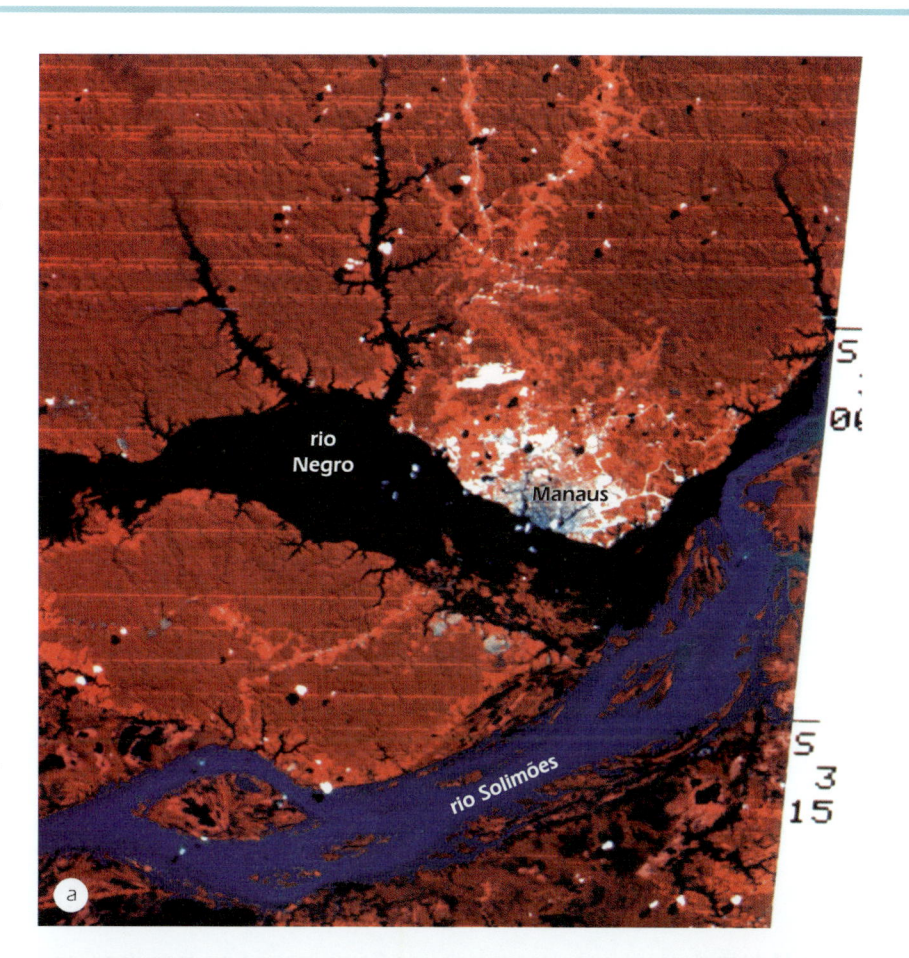

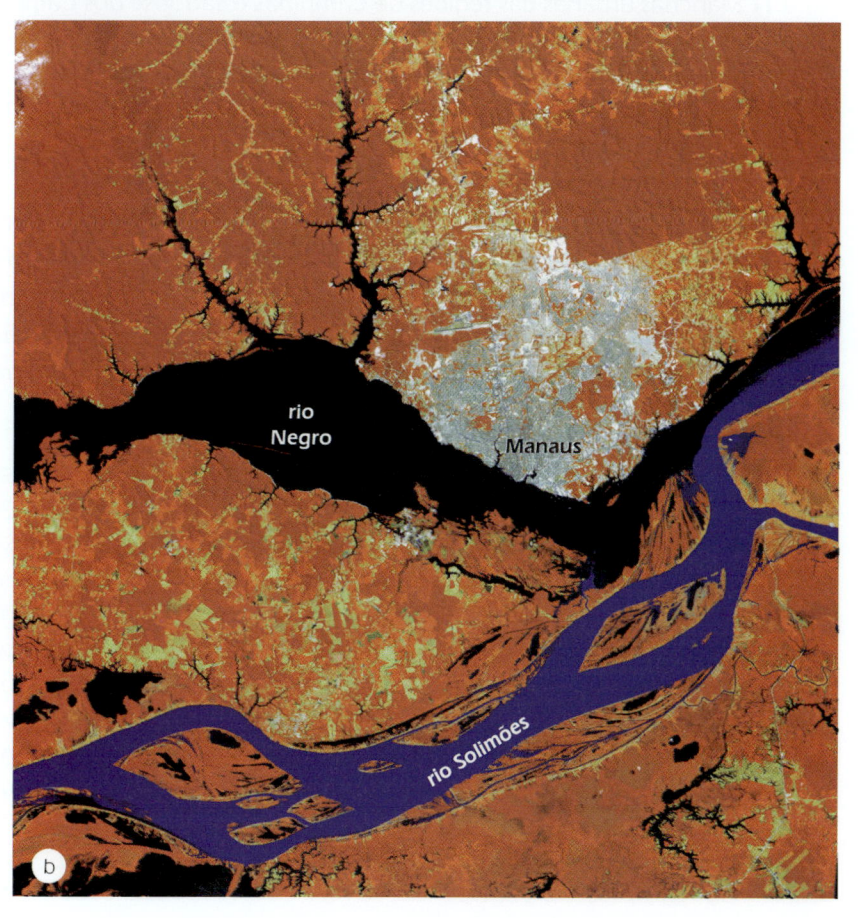

Iniciação em Sensoriamento Remoto

da cidade de Manaus no período. Outro exemplo do potencial das imagens de satélite e do uso de SIG no estudo e monitoramento urbano é apresentado na Fig. 8.11. Nestas figuras é mostrada a evolução das áreas urbanas na região de Campinas (a) e de São José dos Campos (b), Estado de São Paulo, no período de 1970 a 2000. O mapeamento dessas áreas foi realizado a partir da interpretação de imagens do Landsat e os mapas gerados com o uso do Spring.

O fenômeno da conurbação refere-se ao processo de cidades em expansão, que se unem às vizinhas, formando um espaço urbano quase contínuo, como ocorre, por exemplo, com as cidades que formam a Grande São Paulo (Fig. 8.12).

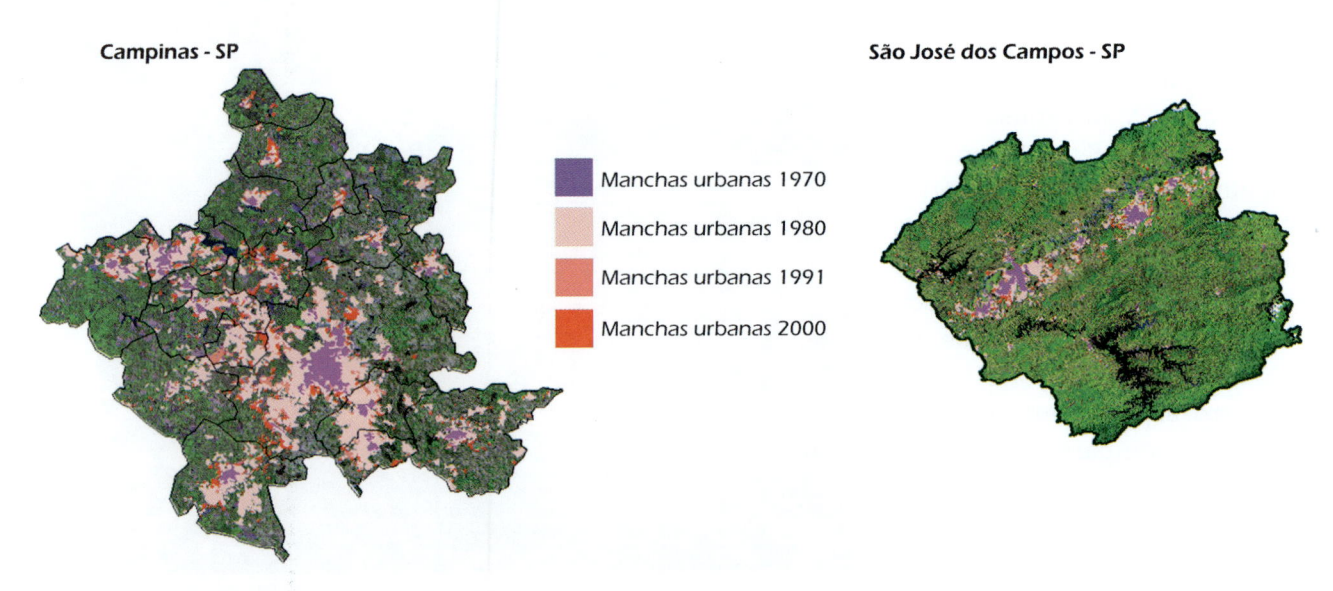

Fig.8.11 Manchas urbanas das regiões de Campinas e São José dos Campos (SP), referentes a quatro períodos analisados (1970, 1980, 1990 e 2000), destacadas, conforme a legenda da figura, sobre a imagem do Landsat (Pereira et al., 2005). As áreas urbanas referentes a 1970 foram obtidas de cartas topográficas na escala de 1:50.000, as demais datas foram mapeadas a partir da interpretação de imagens Landsat

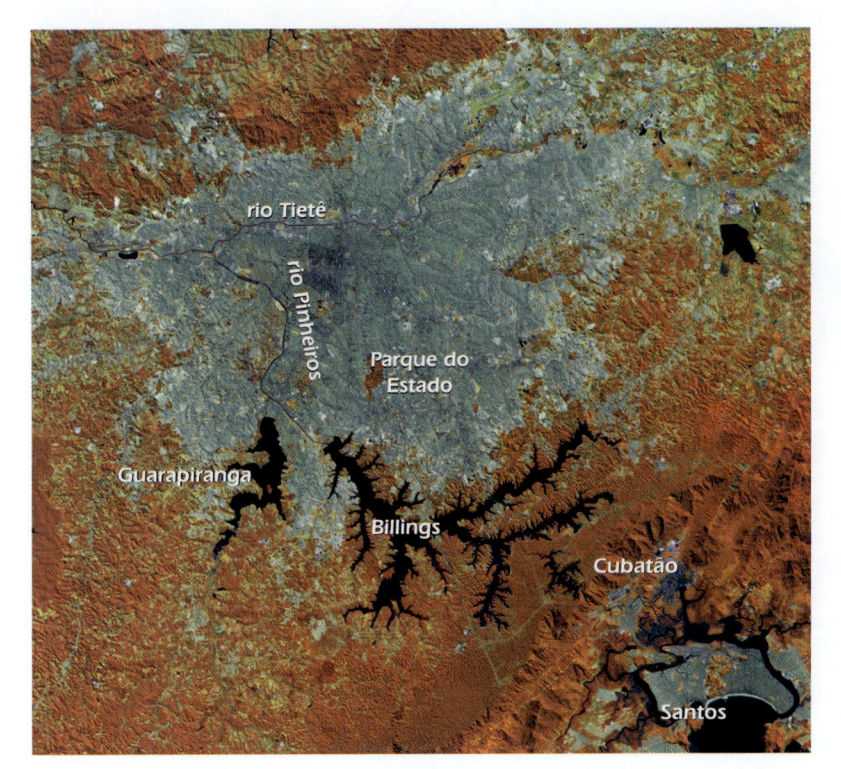

A partir da interpretação de imagens de satélites, também é possível identificar e delimitar as áreas verdes de uma cidade. Posteriormente, de forma manual ou mesmo automática, com o uso de um

Fig. 8.12 Imagem TM-Landsat-5, 20/8/1997, da área metropolitana de São Paulo, na qual o fenômeno da conurbação de 39 municípios pode ser observado. As áreas urbanas estão na cor ciano (azul/verde) e aquelas onde predomina a cobertura vegetal, em vermelho. Como podemos observar nesta imagem, com exceção do Parque do Estado, a maior área verde de São Paulo, as demais somam muito pouco verde em comparação à extensão da área construída

CAPÍTULO 8 - O Uso de Imagens no Estudo de Ambientes Transformados

SIG, podemos quantificar essas áreas e calcular o índice de área verde de uma cidade.

A quantidade de área verde de uma cidade é um dos indicadores da qualidade de vida de seus habitantes. Quanto maior é o índice de área verde de uma cidade, maior é a qualidade de vida da sua população, com relação a esse aspecto.

Em geral, cidades de países desenvolvidos, como Londres (capital da Inglaterra), Paris (capital da França) e Nova York (EUA), entre outras, têm um índice de área verde maior do que de cidades de países em desenvolvimento, como São Paulo e Santiago do Chile, por exemplo. Isso pode ser observado comparando as imagens de Paris e de São Paulo (Figs. 8.13a e 8.13b, respectivamente). Entretanto, nos centros antigos de ambas as cidades, observa-se pouca vegetação. As áreas mais escuras no centro da imagem de São Paulo devem-se às

Fig. 8.13 Imagem Spot-1 de Paris (a), na qual a área urbana é representada na cor ciano e as áreas com vegetação, em vermelho. Em comparação a São Paulo, imagem ETM$^+$-Landsat-7, 7/6/2002 (b), as áreas verdes de Paris ocupam uma extensão maior

sombras que os elevados edifícios projetam. Esse padrão permite identificar os setores mais verticalizados da cidade (Figs. 8.13b e 8.14a). Esse padrão não pode ser observado em Paris, em razão da inexistência de edifícios elevados (as construções têm no máximo seis pavimentos).

Dados de sensores de alta resolução espacial permitem identificar a diversidade de objetos que compõem o ambiente urbano (água, solo, vegetação e área construída), como podemos verificar pela imagem do satélite QuickBird da região do Parque do Ibirapuera (Fig. 8.14b), uma

Fig. 8.14 Imagem TM-Landsat-5, 20/8/1997 (a), de um setor da cidade de São Paulo, na escala aproximada de 1:60.000, que permite identificar o Jóquei Clube, o Parque do Ibirapuera, o aeroporto de Congonhas e o Parque do Estado. Podemos observar o Parque do Ibirapuera em detalhes na imagem do satélite QuickBird, de 3/3/2002 (b), resultante de um processamento digital que possibilitou integrar os dados do canal pancromático (resolução de 0,7 m) com os dados multiespectrais dos canais do visível (resolução de 2,8 m) e gerar uma composição colorida natural

das poucas e principais áreas verdes da cidade de São Paulo. Comparando as Figs. 8.14a e 8.14b, é possível observar a diferença de resolução das duas imagens e, consequentemente, do nível de informação que é possível extrair de cada uma delas.

Além de proporcionar a obtenção de dados tridimensionais da superfície, a nova geração de sensores de alta resolução espacial, espectral, radiométrica e temporal amplia o potencial do sensoriamento remoto para estudos urbanos, por exemplo, o mapeamento de áreas impermeabilizadas e de risco de deslizamento e inundação, inferências de contagem e densidade populacional, entre outras possibilidades.

Capítulo 9
SENSORIAMENTO REMOTO COMO RECURSO DIDÁTICO

Estou voando por aí... O Vento é meu amigo e na cacunda dele tenho visto coisas lindas. Vi praias enormes, sem fim! E nuvens e nuvens e mais nuvens. Vi bichos, cidades e terras secas. Vi tudo verdinho e florido... já aprendi tudo. As coisas mostradas a gente aprende mais depressa e mais bonito. Até acho que amo mesmo o nosso Brasil. As coisas longe ficam perto...

Maria Clara Machado

Apesar da crescente exposição de imagens na mídia, internet (com destaque para o Google Earth), livros didáticos e atlas, bem como do seu grande potencial como recurso didático, as imagens de satélites ainda não são suficientemente exploradas nos diferentes níveis de ensino (fundamental, médio e superior). Os novos parâmetros curriculares reforçam a importância do uso de novas tecnologias, como a do sensoriamento remoto. Este se destaca da maioria dos recursos educacionais, pela possibilidade de obtenção de informações multidisciplinares, uma vez que dados contidos em uma única imagem podem ser utilizados para multifinalidades.

Na medida em que o SIG possibilita integrar, analisar e espacializar (gerar mapas) informações locais, regionais e globais, ele torna-se um poderoso recurso didático. O educador pode utilizar um SIG para inserir seu aluno no mundo tecnológico, tornar suas aulas mais dinâmicas e interessantes, bem como gerar seu próprio material didático para estudo do espaço local, de vivência do educando. O SIG dá a oportunidade ao educador e educando de elaborar material que complemente os livros didáticos, de ligar o local com o global, apresentado nos livros didáticos. Explorar um SIG pedagogicamente é aproveitar os saberes do professor e do aluno para construir conhecimento.

Uso Multidisciplinar

A partir da análise e interpretação de imagens de sensores remotos, os conceitos geográficos de lugar, localização, interação homem/meio, região e movimento (dinâmica) podem ser articulados. As imagens são um recurso que permite determinar configurações que vão da visão do planeta Terra à visão de um Estado, região ou localidade. Quanto aos aspectos físicos, pode-se observar a repartição entre terras e oceanos; a distribuição de grandes unidades estruturais, como cadeias de montanhas, localização de cursos d'água e feições relacionadas a estes (meandros, deltas etc.) e aos relevos continental (escarpas, cristas, morros, colinas etc.) e litorâneo (falésias, dunas, praias, ilhas, golfos, baías etc.); a evolução da cobertura vegetal; a configuração, organização e expansão das grandes cidades; o fenômeno da conurbação; bem como as características e a evolução das áreas agropecuárias.

Como tempo e espaço são dimensões essenciais para a compreensão dos problemas ambientais, a contribuição da Geografia e da História é indispensável ao estudo do processo de ocupação e transformação do espaço, das mudanças e inovações tecnológicas ocorridas ao longo do tempo e do modelo de desenvolvimento adotado. Imagens de diferentes períodos são um recurso que ajudam na compreensão do processo de organização e transformação do espaço. Dessa maneira, a partir da interpretação de imagens de diferentes datas referentes a uma mesma região, é possível, em conjunto com dados provenientes de outras fontes, fazer uma reconstituição do processo de ocupação e desenvolvimento de uma região.

Em estudos multitemporais, na falta de imagens e fotografias aéreas mais antigas, podem ser utilizados mapas antigos ou cartões postais (que geralmente são fotografias tiradas do terreno, ou mesmo fotografias aéreas), bem como realizar pesquisa de campo e bibliográfica em livros, revistas, jornais e documentos, que ajudam a retratar e reconstruir a paisagem de determinada época.

A História pode explorar o estudo da evolução da tecnologia do sensoriamento remoto e de como o homem apropriou-se dela ao longo do tempo. A primeira fotografia aérea foi tirada de um balão em 1855, mas a aquisição de fotografias obtidas de aeronaves teve um grande desenvolvimento somente a partir da Primeira Guerra Mundial. Por outro lado, embora essa tecnologia tenha sido inicialmente desenvolvida para fins militares, atualmente a sua utilização para fins civis traz grandes benefícios para o homem no estudo e monitoramento do meio ambiente.

As Ciências de modo geral, e mais especificamente a Física, podem explorar os princípios físicos do sensoriamento remoto, que envolvem os estudos da energia eletromagnética, da interação dessa energia com as propriedades físico-químicas dos componentes da superfície terrestre, de como são obtidas as imagens e do processo de formação das cores. Dessa forma, ao mesmo tempo que o aluno apreende conceitos de Física, torna-se mais capacitado para explorar os dados de sensores remotos.

Imagens de satélite podem contribuir para o estudo dos problemas de saúde pública relacionados à contaminação das águas, como a cólera e a leptospirose, e à poluição atmosférica, como as doenças respiratórias, entre outras condições ambientais. A partir da interpretação desses dados e dos conteúdos da Biologia, Química, Geografia e História, é possível relacionar a distribuição dessas doenças e das condições que as favorecem com as características ambientais, econômicas e sociais da área em estudo.

Com conhecimentos da Química e dos dados de sensores remotos, pode-se explorar, por exemplo, a correlação entre a qualidade da água (de rio, lago, represa ou oceano), representada em uma imagem por diferentes tonalidades ou cores, e os componentes químicos e orgânicos dessa água, determinados com análises químicas de laboratório.

Com a ajuda da Matemática, é possível calcular, em imagens de sensores remotos, ângulos, distâncias, proporções (escalas), áreas (urbanas, agrícolas, inundadas, queimadas etc.), taxas ou índices (o índice de área verde de uma cidade, taxas de crescimento urbano, de desmatamento etc.). Um índice de área verde, por exemplo, pode ser facilmente determinado a partir do conhecimento da escala da imagem utilizada, da identificação, delimitação e cálculo das áreas verdes e da área total de interesse do estudo.

A Educação Artística contribui para a elaboração de mapas, maquetes, e outros produtos cartográficos de expressão artística, a partir da interpretação de fotografias aéreas e imagens de satélites, destacando elementos geográficos como ilhas, lagos, rios, represas, serras e planícies e as formas de ocupação e uso da terra, além de possibilitar outros tipos de expressão propiciados pela leitura das imagens de um determinado ambiente.

Na interpretação e produção de textos relacionados tanto à técnica do sensoriamento remoto como aos temas ambientais, é fundamental a contribuição da Língua Portuguesa, e pode ser explorado também o interesse dos alunos pelas línguas estrangeiras, como o inglês, francês, espanhol etc., no aprendizado de termos técnicos relacionados tanto ao sensoriamento remoto quanto ao meio ambiente.

Uso Interdisciplinar

As pesquisas de temas ambientais e os estudos do meio favorecem as práticas pedagógicas e interdisciplinares. As imagens de sensores remotos, como fonte de dados sobre os ambientes terrestres, são um recurso que facilita tanto o estudo do meio ambiente como a prática da interdisciplinaridade.

No estudo do meio, que visa conhecer a realidade e os problemas da área de interesse, geralmente seleciona-se um tema, por exemplo, a água (recursos hídricos) ou a urbanização, como eixo prioritário, ou fio condutor da pesquisa ou projeto. Os recursos hídricos, a urbanização e o uso da terra, em geral, são temas bastante propícios para a utilização de imagens de sensores remotos no estudo do meio, porque, ao lado do relevo e da cobertura vegetal, as áreas construídas ou ocupadas pelo homem e a água (rios, lagos, represas, mares e oceanos) são os componentes da paisagem mais visíveis em fotografias e imagens.

Se o estudo do meio ambiente, que envolve todas as áreas do conhecimento, for realizado de forma integrada, isto é, interdisciplinar, resultados muito mais consistentes serão obtidos. Além disso, o potencial de leitura das imagens aumenta quando feita de forma integrada, ou seja, com a participação conjunta de especialistas de várias áreas do conhecimento.

Outra forma de integração refere-se à utilização conjunta de dados de sensores remotos adquiridos em diferentes níveis de altitude. Assim, em um projeto de Educação Ambiental no qual o tema central é a água, por exemplo, podem ser usadas fotografias de campo que mostrem a qualidade da água local de um rio; um mapa de uso da terra, gerado a partir da interpretação de fotografias aéreas, pode mostrar que o problema não é pontual, mas relaciona-se ao processo de uso e ocupação dessa área; e imagens de satélites permitem obter uma visão regional do problema e avaliar a sua extensão.

Dessa maneira, imagens de sensores remotos, obtidas em diferentes níveis de altitude, com diferente resolução e abrangência, favorecem a leitura das implicações regionais com a qualidade de vida local e vice-versa. Elas permitem confirmar que, de maneira geral, os problemas ambientais não são pontuais ou locais. Assim, de acordo com Santos (2002), o sensoriamento remoto torna-se um instrumento para a compreensão, conscientização e busca de soluções para os problemas da realidade socioambiental e, consequentemente, para o exercício da cidadania.

Disponibilidade de Materiais

A crescente disponibilidade gratuita de imagens de satélite no formato digital facilita o seu acesso e a inclusão digital e pode ser conferida em endereços como:

<http://www.dgi.inpe.br>
<http://www.dgi.inpe.br/html/imagens.htm>
<http://www.cbers.inpe.br/pt/imprensa/gimagens_capitais.htm>
<http://www.dpi.inpe.br/mosaico>
<http://www.cdbrasil.cnpm.embrapa.br>
<http://glcf.umiacs.umd.edu/data>
e no Google Earth <http://earth.google.com>, entre outros.

Dicas de uso do Google Earth encontram-se em <http://novaescola.abril.com.br/noticias/jul_05_15>.

O Atlas Sócio-Econômico-Ambiental do Nordeste, lançado recentemente pelo Inpe, reúne imagens de satélites, mapas temáticos e dados censitários do IBGE de todos os Estados da região (http://www.nctn.crn2.inpe.br).

Quanto aos uso de mapas, imagens e SIG, sugerimos consultar também o sítio dos projetos Geodem (Geotecnologias Digitais no Ensino Médio) e Geodef (Geotecnologias Digitais no Ensino Fundamental): <http://www.uff.br/geoden/>.

Imagens do Brasil com detalhes do relevo e da topografia estão disponíveis no endereço do projeto Brasil em Relevo (http://www.relevobr.cnpm.embrapa.br/), desenvolvido pela Embrapa (Empresa Brasileira de Pesquisas Agropecuárias). Elas foram geradas a partir de dados de sensor radar, a bordo do ônibus espacial Endeavour, projeto SRTM (em inglês, *Shuttle Radar Topography Mission*), uma parceria das agências espaciais dos Estados Unidos (Nasa e NIMA), Alemanha (DLR) e Itália (ASI).

O processamento de imagens digitais e sua integração com dados provenientes de outras fontes demandam o uso de *softwares* especializados. Salientamos o sistema gratuito Spring (http://www.dpi.inpe.br/spring) desenvolvido pelo Inpe para ambientes Unix e Windows. É um *software* que combina processamento de imagens e SIG (Câmara et al., 1996) e tem versões em português, espanhol e inglês.

Entre os livros e CDs indicados na bibliografia, destacamos:

- o livro infantil A *nave espacial Noé*, que mostra ao pequeno leitor a importância da tecnologia espacial e estimula sua conscientização ambiental. Outras informações sobre o livro, cursos e dicas sobre o uso das imagens de satélite encontram-se em <http://www.ofitexto.com.br/anaveespacialnoe/>.
- o *Atlas de ecossistemas da América do Sul e Antártica*, que apresenta mais de 250 imagens de diversos satélites, fotos da superfície da Terra, globo 3D e vídeos. O Atlas permite visualizar as características físicas, econômicas, políticas e humanas de todos os países da América do Sul e 21 ecossistemas por meio de imagens de satélite e fotos de campo. Ele traz também informações sobre os fundamentos do sensoriamento remoto, programas espaciais e estações terrenas de recepção de dados de satélites. Esse material pode ser obtido no endereço <http://www.inpe.br/unidades/cep/atividadescep/educasere/index.htm>. Além do CD, esse sítio do Projeto EducaSere disponibiliza cartas--imagens, entre outros materiais.
- o CD-ROM *Tópicos em meio ambiente e ciências atmosféricas: utilização de recursos multimídia para o ensino médio e fundamental*, que tem recursos de realidade virtual, vídeos e animações 3D que ajudam professores e alunos a compreender as transformações do meio ambiente. O projeto mantém ainda um sítio associado ao conceito de educação a distância: <http://maca.cptec.inpe.br>.
- o Cd-Rom *Sensoriamento remoto: Aplicações para a preservação, conservação e desenvolvimento sustentável da Amazônia*, que contém textos, exercícios, atividades, testes, visitas virtuais, fotos, áudios, músicas, tabelas, bloco de anotações, figuras, imagens de sensores remotos e um programa para o processamento de imagens. Pode ser adquirido em <www.ltid.inpe.br/cdrom/>.

Cursos de Sensoriamento Remoto

O Inpe oferece para professores dos ensinos fundamental e médio, no mês de julho, o curso presencial "O Uso Escolar do Sensoriamento Remoto no Estudo do Meio Ambiente", com duração de 40 horas (http://www.dsr.inpe.br/vcsr/). Oferece também, semestralmente, para professores e outros profissionais que concluíram a graduação, o curso de "Introdução ao Sensoriamento Remoto", de curta duração (cerca de dois meses) na modalidade à distância (http://www.selperbrasil.org.br/cursos/ead/intro_sr).

Com o objetivo de divulgar o Programa Espacial Brasileiro nas escolas e contribuir para despertar no aluno a criatividade e o interesse pela ciência e tecnologia, o programa AEB Escola, da Agência Espacial Brasileira (http://www.aeb.gov.br/), oferece para professores, do ensino fundamental e médio, o Curso de Astronáutica e Ciências do Espaço, que inclui um módulo de Sensoriamento Remoto.

Conclusão

O sensoriamento remoto pode ser usado como recurso didático não só com relação aos conteúdos curriculares das diferentes disciplinas (uso multidisciplinar), mas também nos estudos interdisciplinares, que integram todas as disciplinas em torno da análise do meio ambiente, como nos estudos do meio e em projetos de educação ambiental.

No desenvolvimento de novos projetos pedagógicos, ou naqueles em andamento, além dos recursos tradicionalmente utilizados, pode-se explorar também o uso de imagens de satélite. Para a familiarização com as imagens, é recomendável buscar inicialmente aquelas que representam regiões conhecidas. É importante também, quando possível, utilizar imagens de alta resolução ou fotografias aéreas, uma vez que esses produtos favorecem a análise ao retratar a realidade de forma mais próxima. Deve-se verificar ainda a possibilidade de fazer com os alunos um trabalho de campo na área de estudo. Exemplos de projetos escolares já desenvolvidos e que utilizaram essa tecnologia no estudo do meio ambiente podem ser encontrados no endereço <www.dsr.inpe.br/vcsr/html/proj_old.htm>.

A contribuição do sensoriamento remoto no ensino das disciplinas específicas, dos temas transversais, como Meio Ambiente, ou em atividades e projetos interdisciplinares, vai depender da motivação e criatividade dos professores e alunos envolvidos, das características da área de estudo, da disponibilidade de dados e do tema utilizado como fio condutor do estudo. Certamente, a partir dos exemplos mostrados neste livro, alunos e professores descobrirão outros usos do sensoriamento remoto, os quais se ampliam a cada dia.

Como mostrado neste capítulo, a dificuldade de acesso aos dados de sensores remotos não serve mais como justificativa para a sua não utilização pelo professor em sala de aula. Esperamos, com este livro, contribuir para que o "como utilizar" esses dados não seja outro obstáculo.

Sugestões de Atividades

1) Observar, através da visão vertical ou oblíqua, objetos como: cesto de lixo, mesa, árvore, automóvel e casa. Desenhe e descreva a forma que eles assumem quando vistos de cima. No desenvolvimento dessa atividade, é interessante levar os alunos para o ponto mais alto da escola, do bairro ou da cidade (a torre de uma igreja, por exemplo), para que eles possam observar os objetos de cima, de uma visão vertical ou oblíqua. Esse tipo de atividade ajuda a interpretar fotografias aéreas e imagens de satélites.

2) Para explorar mais as imagens deste livro, procurar mapas, imagens de outras datas e satélites, fotos aéreas e de campo dos ambientes nelas representados. Realizar um trabalho de campo com os alunos para a identificação dos objetos na imagem de sua região.

3) Assim como a fotografia do próprio aluno, as fotografias aéreas e as imagens de satélites são muito úteis para ensinar o conceito de escala, que é fundamental para o uso de dados de sensores remotos e de mapas. Utilizar imagens do livro para ensinar o conceito de escala.

4) Procurar exemplos de imagens de sensores remotos e destacar objetos que podem ser discriminados, principalmente, por meio:
a) da forma;
b) do tamanho;
c) da textura;
d) da sombra;
e) do padrão;
f) da localização.

5) Analisar as imagens das Figs. 7.9 a 7.11 (Cap. 7) e definir os conceitos de ilha, lago, restinga, baía e meandros.

6) Com exceção das áreas urbanas dos municípios de Arujá, Biritiba Mirim, Salesópolis e Santa Isabel, as demais cidades dos municípios que formam a Grande São Paulo estão conurbadas. Com a ajuda de um mapa de São Paulo, identificar na imagem da Fig. 8.12 (Cap. 8) as cidades conurbadas.

7) A partir de fotografias ou imagens de seu município, de diferentes datas, analisar e destacar as principais transformações ocorridas nos ambientes urbano e rural. Em seguida, projetar (simular) uma imagem futura que retrate uma situação ideal para ele.

8) Identificar outros usos das imagens de sensores remotos, além daqueles destacados neste livro.

9) Oficina: Interpretação de Imagem de Satélite.

Materiais:
- Imagem CCD-CBERS (ou de outro satélite) da cidade/região onde se localiza a escola, impressa em papel couché tamanho A3 ou A4;

- mapas, fotografias e cartões postais da área de estudo;
- um Roteiro que orienta o desenvolvimento da atividade e inclui um texto com os conceitos: interpretação de imagem; elementos de interpretação; resolução, escala e legenda;
- papel vegetal (bloco tamanho A4); régua; fita crepe; lápis preto; lápis de cor; borracha e apontador.

Inicialmente, explicar os conceitos de interpretação de imagem, elementos de interpretação, resolução, escala e legenda. Em seguida, distribuir o material, uma imagem e uma folha de papel vegetal para cada aluno ou grupo de alunos.

A atividade é composta das seguintes etapas:

a) Fixar com fita adesiva o papel vegetal somente na parte superior da imagem, para que ela possa ser visualizada sem a interferência do papel. Se a imagem for muito grande, recomenda-se a seleção de uma área menor, mas representativa. Delimitar essa área no papel vegetal.

b) Identificar na imagem um objeto, como, por exemplo, uma ponte ou pista de aeroporto, cuja distância seja conhecida (ou medida em um mapa). Em seguida, calcular a escala da imagem.

c) Interpretar/explorar a imagem em papel com base no Roteiro, que orienta a identificação dos principais objetos representados na imagem (estrada, área urbana, aeroporto, mata, área agrícola, rio, lago etc.).

d) Gerar um mapa da área de estudo e elaborar a legenda, com a ajuda do roteiro.

e) Interpretar/explorar uma imagem de satélite no formato digital, usando um computador (acessar um ou mais dos endereços indicados; por exemplo, <www.dpi.inpe.br/mosaico> ou <http://earth.google.com>). Incluir os endereços no Roteiro.

f) Destacar as principais diferenças identificadas entre as imagens de formatos (impresso e digital) e/ou datas e resoluções distintos.

Para evitar custos de impressão de imagens, muitas vezes considerados pelos professores como um obstáculo, esse tipo de oficina pode ser realizado com imagens no formato digital. Neste caso, as imagens são projetadas e ampliadas, para que os alunos possam visualizá-las e interpretá-las. Os objetos que devem ser identificados são assinalados com letras (ou números). À medida que os alunos vão identificando os objetos, eles escrevem o nome correspondente a cada letra em uma folha de resposta ou nos respectivos cadernos. Outra vantagem dessa alternativa é a possibilidade de discussão com a classe e a correção simultânea.

> Outras atividades, com as questões resolvidas, sobre os diferentes tópicos abordados no livro estão disponíveis no site da editora (http://www.ofitexto.com.br) na página do livro. O leitor encontrará também roteiros (passo a passo) para adquirir e processar imagens de satélite.

REFERÊNCIAS BIBLIOGRÁFICAS

ALEXANDRE, A. et al. *Mapa como ferramenta para gerenciar recursos naturais*: um guia passo-a-passo para populações tradicionais fazerem mapas usando imagens de satélite. Rio Branco: Brilhograf, 1998.

ALVES, C. D.; FLORENZANO, T. G.; PEREIRA, M. N. Mapeamento de áreas urbanizadas com imagens Landsat e classificação baseada em objeto. *Revista Brasileira de Cartografia (online)*, v. 62, p. 189-198, 2010.

BLASCHKE, T.; KUX, H. *Sensoriamento remoto e SIG avançados*. 2. ed. São Paulo: Oficina de Textos, 2007.

CÂMARA, G.; SOUZA, R. C. M.; FREITAS, U. M.; GARRIDO, J. SPRING: Integrating remote sensing and GIS by object-oriented data modelling. *Computers & Graphics*, v. 20, n. 3, p. 395-403, May-June 1996.

CURTARELLI, M. P.; ARNESEN, A. S. Fusão de imagens dos sensores HRC e CCD para a elaboração de uma carta imagem do município de Ladário, MS. In: SIMPÓSIO DE GEOTECNOLOGIAS NO PANTANAL, 3.,2010, Cáceres. Anais... São Paulo: Embrapa Informática Agropecuária/Inpe, 2010. p. 858-866.

FERREIRA, N. J. (Coord.). *Aplicações ambientais brasileiras dos satélites NOAA e TIROS-N*. São Paulo: Oficina de Textos, 2004.

FLORENZANO, T. G. (Org.). *Geomorfologia*: conceitos e tecnologias atuais. São Paulo: Oficina de Textos, 2008.

FLORENZANO, T. G. *A nave espacial Noé*. São Paulo: Oficina de Textos, 2004.

_____. et al. Multiplicação e adição de imagens Landsat no realce de feições da paisagem. In: SIMPÓSIO BRASILEIRO DE SENSORIAMENTO REMOTO, 10., Foz do Iguaçu, 21-26 abr. 2001. Anais... [S.l.: s.n.], 2001. Arquivo pdf 197, p. 36. CD-ROM.

JENSEN, J. R. *Sensoriamento remoto do ambiente*: uma perspectiva em recursos terrestres. São José dos Campos: Parêntese Editora, 2009.

KRUG, T. et al. *Incidência de focos de calor detectados pelo sensor AVHRR do satélite NOAA, no período de junho a novembro de 1997*. São José dos Campos: Inpe, 1998. Inpe-7172-PRP-218.

LEME, N. M. P. *Sob o céu da Antártica*. São Paulo: Oficina de Textos, 2007.

LILLESAND, T. M.; KIEFER, R. W. *Remote sensing and image interpretation*. New York: John Wiley & Sons, 2000.

MACHADO, C. S.; BRITO, T. (Cord.). *Antártica*: ensino fundamental e ensino médio. Brasília: Ministério da Educação, Secretaria de Educação Básica, 2006. (Col. Explorando o Ensino, v. 9).

MENESES, P. R.; MADEIRA NETO, J. da S. (Org.) *Sensoriamento remoto*: reflectância dos alvos naturais. Brasília: Edunb, 2003.

MIRANDA, E. E. de; (Coord.). *Brasil em Relevo*. Campinas: Embrapa Monitoramento por Satélite, 2005. Disponível em: <http://www.relevobr.cnpm.embrapa.br>. Acesso em: 10 dez. 2010.

MOREIRA, M. A. *Fundamentos de sensoriamento remoto e metodologias de aplicação*. 4ª ed. revista e ampliada. Viçosa: UFV, 2011.

NOVO, E. M. L. de M. *Sensoriamento remoto*: princípios e aplicações. 3ª ed. revista e ampliada. São Paulo, Edgard Blucher, 2008, p. 388.

RUDORFF, B. F. T.; SHIMABUKURO, Y. E.; CEBALLOS, J. C. (Orgs.). *O sensor Modis e suas aplicações ambientais no Brasil*. São José dos Campos: Parêntese, 2007. v. 1.

SANTOS, V. M. N. dos. *Escola, cidadania e novas tecnologias*: o sensoriamento remoto no ensino. São Paulo: Paulinas, 2002. (Col. Comunicar).

SHIMABUKURO, Y. E. et al. NDVI and fraction images for mapping and cover in Mongolia. In: ASIAN CONFERENCE ON REMOTE SENSING, Oct. 12-18, 1993, Tehran (Irã). *Proceedings...* 1993.

____. Mosaico digital de imagens Landsat-TM da planície do rio Solimões-Amazonas (Inpe-6746-RPQ/681), 2002.

SOLER, L. de S. *Uso de radar de abertura sintética na detecção de manchas de óleo na superfície do mar.* Dissertação (Mestrado) – Inpe, São José dos Campos, 2000.

SOUZA, R. B. de (Org.). *Oceanografia por satélites.* 2ª ed. São Paulo: Oficina de Textos, 2009.

Bibliografia Complementar

AB'SABER, A. N. *Litoral do Brasil.* São Paulo: Metalivros, 2001.

ALMEIDA, R. D. de et al. *Atividades cartográficas.* São Paulo: Atual, 1995. 4 v.

ANDERSON, P. S. (Ed.). *Fundamentos para fotointerpretação.* Rio de Janeiro: Sociedade Brasileira de Cartografia, 1982.

BRITO, T. (Cord.). *O Brasil e o meio ambiente antártico*: ensino fundamental e ensino médio. Brasília: Ministério da Educação, Secretaria de Educação Básica, 2006. (Col. Explorando o Ensino, v. 10).

DIAS, N. W.; BATISTA, G.; NOVO, E. M. M.; MAUSEL, P. W.; KRUG, T. *Sensoriamento remoto*: aplicações para a preservação, conservação e desenvolvimento sustentável da Amazônia. 2. ed. São José dos Campos: Inpe, 2010. CD-ROM. (www.ltid.inpe.br/cdrom).

FLORENZANO, T. G. Geotecnologias na geografia aplicada: difusão e acesso. *Revista do Departamento de Geografia*, v. 17, p. 24-29, 2005.

JOHN, L. *Amazônia*: olhos de satélites. São Paulo: Editoração Publicações e Comunicações, 1989.

MACHADO, C. S.; BRITO, T. (Cord.). *Antártica*: ensino fundamental e ensino médio. Brasília: Ministério da Educação, Secretaria de Educação Básica, 2006. (Col. Explorando o Ensino, v. 9).

NATIONAL GEOGRAPHIC SOCIETY. *Satellite Atlas of the World.* Washington DC, 1998.

PEREIRA, M. N.; KURKDJIAN, M. L. N. O.; FORESTI, C. *Cobertura e uso da terra através de sensoriamento remoto.* São José dos Campos: Inpe, nov. 1989. Inpe-5032-MD/042.

PONTUSKA, N. N. (Org.). *Um projeto... tantas visões*: educação ambiental na escola pública. São Paulo: Lapech, FE-USP, 1996.

PONZONI, F. J.; SHIMABUKURO, Y. E. *Sensoriamento remoto no estudo da vegetação.* São José dos Campos: Parêntese, 2007.

SIMIELLI, M. E. R. *Primeiros mapas*: como entender e construir. São Paulo: Ática, 1997. 4 v.

____. Cartografia no ensino fundamental e médio. In: ALESSANDRI, A. F. (Org.). *A Geografia na sala de aula.* São Paulo: Contexto, 1999.

Muitas publicações (artigos, relatórios, dissertações e teses) sobre aplicações de Sensoriamento Remoto e SIG em diferentes áreas temáticas podem ser encontradas na Biblioteca digital do Inpe (http://www.inpe.br/biblioteca/). Nesta biblioteca é possível consultar também os artigos publicados nos Anais de todas as edições do SIMPÓSIO BRASILEIRO DE SENSORIAMENTO REMOTO (http://www.dsr.inpe.br/sbsr2007/biblioteca/).